그 여자의 섹스

PASSIONISTA

내 남자를 위한 사랑의 기술

그 여자의 섹스

미국 성의학 최고의 권위자
이안 커너 박사가 알려주는
즐거운 섹스

이안 커너 지음 | 전광철 옮김

S플레이북

《그 남자의 섹스》에 나오는
나의 그녀 리자에게 바친다.

저자의 말

흔들리는 다리 위에서 사랑을 나눠라

경고: 고소공포증이 있는 여성에게는 이 책을 권하지 않는다

캐나다 노스 밴쿠버에 위치한 캐필라노 강을 건너려면 2개의 다리 가운데 하나를 선택할 수 있다. 그중 첫 번째 다리는 심장 약한 사람들은 쉽게 건널 수 없다. 캐필라노 강에 있는 이 현수교는 고작 1미터 50여 센티미터 폭에 길이가 138미터인데 널빤지와 케이블만으로 만들어졌기 때문이다. 바람이 불면 사납게 요동치는 강의 물살 위 약 77미터 상공에서 위험천만하게 흔들린다. 알프레드 히치콕 감독의 영화 〈현기증〉에서 뽑아낸 것 같은 장면을 생각하면 된다.

또 하나의 다리는 어떨까? 그것은 튼튼히 고정된 교량으로 높이도 고작 해발 3미터 정도밖에 되지 않는다.

1974년, 유명한 심리학자 아서 애런과 도널드 더튼은 이 다리 위에서 기발한 실험을 했다. 성(性)적 매력이 품고 있는 불가사의한 본질에 관한 탐구 실험이었다.

실험은 이틀에 걸쳐 다음과 같이 진행되었다. 첫째 날, 한 남성이 흔들리는 현수교를 건너갈 때 아주 젊고 예쁜 여성이 이 남성을 다리 중간쯤에서 멈춰 세운다. 그녀는 자신이 심리학 연구원임을 밝히고 간단한 설문조사에 응해줄 수 있는지 묻는다. 둘째 날, 같은 방식으로 동일한 여성이 튼튼히 고정된 다리 위에서 같은 실험을 한다.

그리고는 남성들이 설문조사가 끝날 때쯤 젊은 여성이 자기 전화번호를 건네주며 설문결과를 알고 싶으면 그날 저녁 언제든 전화하라고 말한다.

피실험자들에게 알리진 않았지만, 진짜 연구는 남성들이 설문조사에 응답한 내용이 아니라 설문 후에 일어나는 일을 중심으로 이루어진다. 애런과 더튼은 어떤 남성이 이 예쁜 심리학자에게 전화했는지, 더 중요하게는 왜 했는지를 알아보았다. 그들의 관심은 다리 위에서 일어나는 일뿐만 아니라 다리 위의 상황이 그 후 벌어지는 일에 어떤 영향을 미치는지에 관한 것이었다. 고정된 다리 위에서 느끼는 좀 더 평범한 경험과는 대조적으로 흔들리는 다리 위에서 느끼는 흥분과 들뜬 기분이 연애감정을 부추기는 것일까?

애런과 더튼은 전문적인 용어로 '오귀인misattribution'이라는 개념에 대해 실험 중이었는데, 이것은 '흥분전이 이론excitation transfer theory'이라고도 알려져 있다. 예를 들면 흔들리는 다리와 고정된 다리 위에서 걷는 것을 비교함으로써, 어떤 상태에서 느꼈던 흥분이 설레는 감정을 더 자극하는지를 알아내는 것이다.

아드레날린이 사람의 감정을 더욱 애틋하게 만드는 것일까? 답은 '그렇다'이다. 실제로 그렇게 작용한다.

애런과 더튼의 실험결과 고정된 다리를 건넌 남성보다는 흔들리는 다리를 건넌 남성이 설문조사 결과를 알아보려고 여자에게 전화할 확률이 더 높았다. 나아가 흔들리는 다리를 건넌 남성이 여성에게 데이트 신청할 확률도 훨씬 더 높았다.

나중에 이 실험에 대해 다시 언급할 텐데, 그때는 색다른 경험과 흥분이 뇌의 '섹스 배선 시스템' 자극에 기여하는 역할에 대해 살펴볼 것이다. 또 황홀한 섹스를 위한 전략으로서 '흔들리는 다리' 접근법 대해서도 간략히 설명하겠다(걱정 마시라. 번지점프 중에 섹스하라는 건 아니다. 물론 그런다고 다치지는 않겠지만 이야말로 큰 사고 아닌가).

많은 커플을 만나본 경험에 따르면, 부부가 함께 쓰는 침대의 얇은 시트 밑에도 흔들리는 다리가 있다. 그런데도 대부분의 사람들은 그런 사실을 깨닫지 못한 채 튼튼하고 흔들림 없는 다리 위에서 섹스를 하고 있다. 나는 이웃에 사는 친절한 섹스 심리치료사로서 당신이 안전한 다리에서 흔들리는 다리로 건너뛰는 기념비적인 도약을 할 수 있도록 돕고자 한다.

하지만 상황을 바꾸기 전, 흔들리는 다리 위에 있는 여성에 대해 잠시 낭만적으로 생각해보자. 그 여성은《단테》의 베아트리스이며《개츠비》의 데이지이다. 또한《아서왕》의 귀네비어,《로미오》의 줄리엣,《트로이》의 헬렌,《오르페우스》의 아내 에우리디케일 수도 있다.

그렇다. 흔들리는 다리 위의 그녀는 우리의 꿈을 구성하는 중요한 요소이며, 첫눈에 반하는 사랑을 불러일으키는 소중한 대상이다. 그녀는 섹시하고 우리를 흥분시킨다. 성적 매력이 구현된 형상이자 매혹의 본질이다. 그녀는 성적인 영감을 주는 뮤즈, 즉 패셔니스타passionista인 것이다.

그렇지만 믿든 안 믿든, 흔들리는 다리 위 여성의 가장 큰 자산은 미모나 몸이 아니라 그녀의 뇌다. 그녀는 성과 관련된 심리에 대해 잘 알고 있고 응용할 수 있기 때문이다. 우선, 어느 다리 위에 서 있어야 하는지 알면서 그 다리를 건널 용기가 있고, 그러면서 남성이 그녀를 다리 한가운데에서 만날 자신감을 갖도록 고취할 수 있기 때문이다.

이 책의 목표는 당신에게 화끈한 섹스 팁이나 테크닉을 제공하는 것보다 훨씬 더 야심 찬 것이다. 당신에게 섹스하는 방법 그 이상을 주려고 한다.

여러분의 외모, 몸매, 나이, 결혼 여부, 연애 경험의 풍부함과 상관없이 당신을 그야말로 흔들리는 다리 위의 패셔니스타로 만들어드리려고 한다.

자, 준비됐으면 이제 길을 떠나보자.

Contents

chapter 02 테크닉

머리말

그 남자가 경험하지 못한 최고의 섹스

남자들은 나와 섹스에 대해 수다 떠는 걸 아주 좋아한다. 내 사무실에서만 그러는 것이 아니라 어디서든 마찬가지다. 길을 가다 보면 택배 기사, 직장 상사, 가게 점원, 위층에 사는 이웃 등을 만나 걸음을 멈춰야 한다. 단골 식료품점 계산원이 어떤 것에 잘 흥분하는지 그의 아내보다 내가 더 많이 알고 있다니, 젠장 대체 왜 이런 일이 생긴 걸까?

찰리라는 남자는 언제나 날 웃게 만든다. 찰리는 제약회사 영업사원으로 나와 사무실을 나눠 쓰고 있어 커피머신 앞에서 우연히 만나곤 한다. 찰리는 조지 클루니처럼 생긴데다 많은 남자들이 질투할 만큼 멋진 섹스를 하면서 살고 있다. 찰리는 나와 마주칠 때마다 가까이 다가와 은밀하고 열정적인 말투로 속삭인다.

"의사 선생, 어젯밤에 섹스가 아주 끝내줬어요. 그 여자 정말 굉장했다니까요. 이런 말을 해도 될지 모르겠지만……."

그때는 찰리의 말을 끊고 바로 자리를 떠야 한다. 내게도 살아야 할 인생이 있으니 말이다. 내겐 환자가 있고, 마감이 있고, 아내와 두 아들이 있다. 만약 길을 가다 걸음을 멈추고 섹스에 대해 수다 떨고 싶어 하는 모든 남자들의 이야기를 다 받아주다가는 아무 일도 못할 것이다.

그런데 남성의 성생활에 관한 책을 쓰기로 마음먹고 나서부터 내가 한 일이야말로 바로 그것이다. 하던 일을 멈추고 섹스에 대해 말하고 싶어 하는 모든 남자들의 이야기를 들어주는 것이다. 아니, 나아가 그런 남자들을 찾아다녔다. 책이 출판된 뒤로는 홍보 일정에 따라 여러 도시를 다니면서 다양한 남자들을 만났다. 그리고 매번 처음 만난 남자와 마주앉아 이런 질문으로 대화를 시작했다.

"지금까지 경험해본 것 중에 최고의 섹스에 대해 이야기해보세요."

맙소사! 그러면 귀가 따갑도록 많은 이야기를 들어야 한다. 그들이 경험했던 최고의 섹스뿐만 아니라 더욱 중요하게는 최고의 섹스를 한 번도 해보지 못한 남자들의 이야기도 들었다. 늘 간절히 원하고 상상했지만 파트너가 불쾌히 여기고, 또 자신을 이상한 놈처럼 볼까 봐 두려워서 공유하지 못했던 경험에 대해서도 들었다. "내가 정상인가요?"라는 질문을 수도 없이 받다 보니 지금 확신할 수 있는 건, 섹스에 관한 한 정상이라 말할 수 있는 단 한 가지는 "우리는 모두 다르다"는 사실뿐이다.

어떤 남성을 진짜로 알기 위해서는 그 남성의 피부 안쪽에 더 관심을 기울이고, 그의 머릿속에 들어가 페니스가 있다는 것이 어떤 느낌인지 이해해야 하며, 페니스와 더불어 생기는 모든 성적인 상상과 욕망, 두려움과 걱정들까지도 알아야 한다.

그러니 이 책의 1부를 당신 자신만의 〈프리키 프라이데이 Freaky Friday〉(2003년 미국 코미디 영화. 고등학생 딸과 싱글맘의 몸이 어느 금요일 밤에 뒤바뀐 뒤 다른 사람의 몸으로 생활하면서 서로에 대해 미처 몰랐던 점들을 차츰 이해하게 된다는 내용 – 옮긴이)라고 생각하자. 남성의 처지에서 생각해보기를 원한다면, 또 남성을 작동시키는 것이 정확히 무엇인지 알고 싶다면 말이다.

좋은 섹스란 어떤 테크닉을 해야 하는지 안다고 되는 것이 아니다. 그보다는 테크닉이 어떻게, 왜 효과를 불러오는지 아는 것이 중요하다. 욕망이 뇌의 화학작용에 미치는 영향에 대한 최근 연구결과에서부터 남성이 겪는 세 종류의 발기 형태를 검토하는 생리학에 이르기까지, 나는 당신이 남성의 몸과 뇌, 그리고 마음까지 구석구석 빠짐없이 탐험할 수 있도록 돕는 여행 안내자가 될 것이다.

고소공포증이 있는 여성에게 이 책이 적합지 않다고 경고했던 것 기억하는가? 글자 그대로 물리적 높이로 말미암아 생기는 공포증 이야기가 아님을 잘 알 것이다. 분명하게 얘기하면 성적 만족, 내밀한 심리적 교감, 창조적 성행위의 높은 수준에 도달하는 상태에 대해 이야기하는 것이다.

그러니 이제 흔들리는 다리 위로 산책 나가서 강렬한 감정 상태에 빠져 들어갈 마음의 준비를 하자. 2부에서는 여러 가지 전략과 테크닉을 다루고 실용적인 조언들도 할 것이다.

하지만 분명히 알아두어야 할 점이 있다. 이 책은 성행위의 자세(체위)에 대한 백과사전이나 목록이 아니다. 상세한 설명을 일일이 열거한 지침서가 아니라 성적 만족을 얻을 수 있게 만드는 시각을 간결하면서도 분명히 제시하는 것을 목적으로 삼고 있다. 그 시각을 구성하는 각각의 부분들에서 그와 상응하는 동작이 도출될 것이고, 전체 시각은 각 부분의 단순한 총합 이상으로 강력한 힘을 발휘할 것이다.

성적 만족은 테크닉이나 방법적 측면으로만 얻을 수 있는 것이 아니다. 성적 정체성(그것의 표출과 만족, 성숙)이야말로 전반적인 건강이나 내밀한 관계 성취에 토대가 된다. 우리 대부분이 지금껏 스스로 원하는 최고의 섹스를 경험하지 못했을 터라, 연애관계에서 생기는 불만과 이혼의 주된 이유 중 하나가 성적 문제라는 점도 그리 놀라울 게 없다.

사실 이 책은 나의 첫 번째 책《그 남자의 섹스She Comes First》에 스며 있는 페미니스트 철학이 자연스럽게 확장되어 있다.《그 남자의 섹스》에서는 사랑을 나눌 때 남성들에게 단지 페니스에만 집중하지 말고 온전한 자기 자신으로 임할 것을 권했다.

남성들에게는 분명 자신의 생식기가 성적 쾌락을 느끼는 중심점이긴 하지만, 더욱 충만한 성적 경험을 얻는 데는 장애물이 될 수도 있다. 페니스는 흔히 남성이 겪는 성적 불안의 진원지가 되는데 이런 불안은 크기, 정력, 기교 같은 문제들에서 생겨난다. 충분히 크긴 한가, 너무 큰 거 아닌가, 발기할 수 있을까, 사정을 너무 빨리 하면 어떡하지 등과 같은 문제들이다.

섹스 치료사들이 '관찰자 되기spectatoring'라고 부르는 이런 태도 때문에 성관계를 할 때 자신의 행위에 몰입하지 못하고 제3자처럼 지켜보면서 불안을 키운다. 즉, 성행위가 한창 진행 중인 순간조차 자신의 성적 실행 능력을 비판하고 평가하는 것이다. 그 때문에 관찰자 되기가 남성 성 관련 문제점의 주된 원인이라고 생각하는 치료사들도 있다.

인류학자인 라이오넬 타이거는 자신의 저서《남성의 쇠락The Decline of Males》에서 이렇게 쓰고 있다.

"성행위가 행위예술이 되고 있다."

당신의 남자도 예외없이 성적 장애라 지칭할 만큼 '관찰할'

것이라 말하려는 게 아니다. 오히려 내가 보아온 바로는 정도는 다르지만 남성들 대부분이 관찰자 되기로 고통을 겪고 있다는 사실이다.

여성 역시 섹스 중에 자신이 어떻게 보일지 초조해하다가 오르가슴을 놓쳐버리는 경우가 적지 않다. 충분히 젖었는지, 날씬해 보이는지, 반응이 너무 느려 절정에 이르지 못하는 건 아닌지, 너무 큰 소리를 내거나 아니면 너무 작게 내는 건 아닌지 등을 걱정하는 것이다.

마찬가지로 성적 쾌감을 느끼는 남성의 능력도 누군가 지켜보고 있다는 의식 때문에 제 기능을 발휘하지 못하기도 한다. 특히 관찰자가 가장 가혹한 비평가로 밝혀질 때면 더욱 그렇다. 그 관찰자는 바로 자기 자신이다.

남성들의 성적 불안이 점점 더 커지고 있는 것은 포르노의 대량 보급과도 관련이 깊다. 특히 인터넷을 통한 손쉬운 습득 외에 포르노가 대중문화의 본류 안에서 모습을 드러내고 있는 점을 고려한다면 이 관련성은 더욱 깊다고 할 수 있다.

《발랄한 소녀들의 XXX한 성생활 따라잡기Vivid Girls' How to Have a XXX Sex Life》나《포르노 스타들의 섹스 비법Porn Star Secrets of Sex》 같은 섹스 안내서가 시장에서 널리 팔리고 있는 지금, 당신이 남자에게 해줘야 할 가장 중요한 일은 당신을 만족시키려고 포르노 스타처럼 사랑해줄 필요가 없다고 안심시키는 것이다. 여성은 숨 막힐 정도로 높고 비현실적인 기준에서 남성을 해방시켜줄 임무를 그 어느 때보다 적극 실행해야 한다.

포르노와 더불어 비아그라, 레비트라Levitra, 씨알리스Cialis 같은 발기성 흥분제를 판매하는 제약산업은 점점 더 나이 어린 남성을 목표로 끊임없이 마케팅 메시지를 퍼붓고 있다. 메시지의 내용은 페니스를 중심에 놓는 삽입성교를 기본으로 하는 성적 시각을 강화하는데, 이런 시각은 실행불안performance anxieties을 먹잇감으로 삼으면서 관찰자 되기를 확산시키는 자양분을 제공한다.

〈뉴욕 타임스〉 기사의 지적처럼 성욕과잉 시대를 살아가다 보니 많은 남성이 흠잡을 데 없는 완벽한 섹스에 대한 압박감을 해소하려고 비아그라를 복용한다. 머잖아 전도유망한 10대들의 지갑 속에는 콘돔뿐만 아니라 작고 푸른 알약이 더해질 것이다(대학에서 강의 때마다 남학생들에게 즐기기 위해서 비아그라를 정기 복용하는 사람이 얼마나 되는지를 묻곤 하는데, 그때마다 그렇다는 학생 수를 보고 놀라 힘이 빠진다. 그 이유는 남학생이 알약을 원해서도 아니고 그 사실을 자랑스럽게 으스대서도 아니다. 비아그라가 발기를 더 잘하도록 도왔기 때문이다. 그리고 그게 여자들이 원하는 것이었나 하고).

하지만 여성이라면 누구든지 남자가 발기했다고 그것으로 뭘 해야 할지 안다고 할 수는 없다는 점에 동의할 것이다. 그리고 비아그라가 크게 '유행'하면서 여성의 오르가슴 앞날에는 '고난의 시기'가 펼쳐질 것처럼 보인다. 당신의 남자를 바로잡고, 그에게 발기를 잠재우는 데 집중하는 법을 알려주지 않는다면 말이다.

이 책은 원래 남성을 만족시키기 위한 목적으로 씌어졌지만 여성의 만족은 여전히 기본이 되는 권리이자 섹스의 가장 본질적인 부분이다. 이것이 패셔니스타로서 지녀야 할 가장 중요한 신조 가운데 하나다.

동물학자이자 베스트셀러 작가인 데즈먼드 모리스는 자신의 저서 《벌거벗은 여자The Naked Woman》에서 여성의 신체에 대해 다음과 같이 경의를 표하고 있다.

"여성이라면 모두 아름다운 몸을 지니고 있다. 수백만 년의 진화를 거쳐 눈부신 종점에 도달했기 때문에 아름다운 것이다. 정교하게 고안되어 놀라운 적응력을 지닌 여성의 몸은 이 행성에서 가장 뛰어난 생체조직이라 할 수 있다."

당신의 남자가 만족하기 위해서는 당신의 만족이 필수다. 남자에게 무엇을 해줘야 하는가보다는 그와 함께한다는 것이 중요하다는 이야기다.

남자에게 주는 섹스는 당신이 받을 수 있는 만큼만 좋은 것이다. 이런 점에서 이 책은 남성이 경험하는 섹스의 즐거움에 대해 다루고 있어도 바로 여성의 즐거움에 관한 것이기도 하다.

1960~70년대에 활동했던 페미니스트들이 여성의 성적 만족 권리획득을 위해 격렬하게 투쟁함으로써 페미니즘은 성적 자유와 평등과 유사한 말이 되었다. 오늘날 여성은 자신의 성적 권리가 당연한 세상에서 태어났기에 그렇지 않은 상황에 대해서는 잘 모를 것이다. 과거의 투쟁은 성적인 존재가 될 권리를 위해서가 아니라 그 권리를 행사하는 방법을 중심으로 이루어졌다. 그러나 오늘날의 여성에게는 선택권이 있기에 무엇을 하는가는 자신의 의지에 달려 있다.

반면 오늘날의 남성들은 답을 기다리고 있다. 독립적이고 성적으로 자유로운 여성과 대면하여, 남성성은 넘쳐나고 있고 원하면 누구나 쉽게 얻을 수 있다. 그래서 포르노와 비아그라의 이중 펀치가 그토록 남성의 마음을 미혹시키는 것으로 참으로 위험한 현상이다.

하버드 의과대학 정신과 의사이자 섹스 치료사인 데렉 폴론스키 박사는 이렇게 말한다.

“많은 남성이 추종하는 시나리오는 점점 늘어가는 불안과 고독에 안성맞춤으로…… 주로 영화에서 묘사되는 비현실적인 성행위에 토대를 둔 경우가 많다. 그런 영화들에서는 성적 흥분이 고조되면 대화도 없이 숨 가쁜 욕정이 발산되는 가운데 성행위가 일사천리로 매끄럽게 진행된다. 그리고 보통은 남성이 속도를 조절하고, 또 어떻게 하면 상대를 만족시킬 수 있는지 항상 정확히 알고 있다."

하지만 그 어느 때보다 지금이야말로 섹스 시나리오(사랑을 나누는 방법)를 수정할 적기라는 점만은 분명하다. 여성들이 생각하는 바를 행동으로 옮길 기회를 잡아야 한다. 이제 당신이 리드할 차례다.

〈섹스 앤 더 씨티Sex and the City〉의 초반 에피소드에서 주인공 캐리는 여자가 남자와 똑같이 벌고 성공하여 대등한 권력을 누리는 시대에 살면서 남자처럼 섹스를 즐기며 살 수 있는지에 대해 생각한다. 처음에 나는 반사적으로 당연하다고 생각했는데, 다시 생각해보니 요즘 여성들은 그보다 더 잘할 수 있다는 생각이 들었다. 남자처럼 섹스하는 대신 여자가 남자에게 자신처럼 섹스하는 법을 가르칠 수 있다. 좀더 관능적으로, 더 은밀하면서도 솔직하게, 서로 교감을 나누면서 궁극적으로는 두 사람 모두 더 많이 만족하면서 섹스하는 법 말이다.

저자의 말에서 흔들리는 다리 위의 패셔니스타라는 낭만적 이상형에 대해 말했다. 하지만 우리 성생활의 현실은 종종 완벽함과는 거리가 멀다. 현실에서는 도처에 드러나지 않은 의미와 오해, 모호함뿐만 아니라 무언의 요구와 한계를 넘나드는 욕망이 도사리고 있다. 이 때문에 나는 책상 위에 캐필라노 강의 현수교 사진 액자를 놓아두었다. 환자들에게 보여주기 위한 것이기도 하지만 한 남자이자 남편인 나 역시 끊임없이 상기하기 위해서다. 황홀한 여자를 만나고 싶다면 그 다리를 건너는 모험을 기꺼이 감행해야 한다는 사실을. 두 사람이 다리 중간쯤에서 만나 함께 여행하고, 그 여행을 통해 끊임없이 성장해 가는 모든 것에 대해 그 사진은 말하고 있다.

이 책을 어떻게 읽을 것인가

이 책은 여러분 편한 대로 자유롭게 읽어도 좋다. 하지만 1부를 건너뛰고 바로 2부의 테크닉 편으로 가고 싶다면 다음 질문들에 답해보기 바란다.

- 돈으로 살 수 없는 가장 좋은 섹스 도구는 무엇인가?
- 모든 남성이 경험하는 발기의 세 가지 종류를 알고 있는가?
- 당신의 남자가 섹스 중에 연기하고 있는가? 그렇다면 어떻게 확신할 수 있는가?
- 파트너의 골반을 적절히 마사지하는 것이 페니스가 늘어나는 데 어떻게 기여하는가?
- 시인 오그던 내시의 시 구절 '캔디는 달지. 하지만 술이 더 빠르지(여자와 섹스하려면 캔디로 마음을 사기보다는 알코올에 취하게 만드는 것이 더 효과적이라는 의미 – 옮긴이)'처럼 섹스와 관련해서 뇌를 흥분하게 만드는 것은 무엇

인가? 어떻게 하면 그 흥분제가 흘러나오는가?

- 오르가슴과 사정은 어떻게 다른가? 그 둘은 밀접하게 연관되어 있는가?
- '국부' 오르가슴과 '전신' 오르가슴의 차이를 아는가? 그렇다면 '전신' 오르가슴을 자극하는 방법은 무엇인가?

이 중요한 질문들 중 1개라도 답할 자신이 없다면 '여성이 먼저'라는 정신에 입각해서 당장의 만족은 잠시 미뤄두고 이 책을 처음부터 읽어나갈 것을 권한다.

추신

책 홍보를 마치고 뉴욕으로 돌아왔을 때는 찰리(조지 클루니처럼 생긴 그 '바람둥이')의 이야기에 대해 거의 잊고 있었다. 그러던 어느 날 커피머신 앞에서 만난 찰리가 마침 때맞추어 "의사 선생, 어젯밤에 섹스가 아주 끝내줬어요. 그 여자 정말 굉장했다니까요. 이런 얘기 해도 될지……" 하고 물었을 때 나는 그를 내 사무실로 끌고 가서 상세한 이야기를 모두 들었다.

찰리의 성생활과 관련해서 제일 먼저 알게 된 것은 그가 끊임없이 만나던 다양한 여자들이 사실은 그의 아내 한 사람이었다는 것이다. 결혼한 지 9년째이고 두 아이의 엄마이며 세 번째 아이를 임신 중이었다. 찰리는 계속해서 자기 아내와 사랑에 빠져 있었고 그 당시까지도 그녀와 나누는 섹스는 환상적인 것이었다.

찰리의 비법을 알고 싶은가?

알려드리겠다. 하지만 우선은…….

지금 우리에게는 성교육이 절실히 필요하다

"섹스 치료사로 살아가는 것이 당신에게서 섹스의 경외감과 즐거움을 빼앗지는 않나요? 섹스라는 게 단지 기교와 자세에 관한 것(A를 B에 꽂고 단단히 밀어넣어라)만은 아니죠. 섹스는 사랑의 표현이며, 사랑은 결국 수수께끼같이 알 수 없는 것 아니던가요?"

– 라티티아, 28세, 광고제작 매니저

아주 좋은 질문이다. 이 질문은 남성의 성에 대한 내 생각을 되돌아보는 데 도움을 준다. 사랑의 본질에 대해, 사랑을 표현하는 성적 행위에 대해 더 많이 알수록 사랑에 대해 더 많은 경외감을 갖는다. 하지만 나는 때로 진실한 애정행위에 뒤따르게 마련인 책임감을 회피하려고 '사랑은 신비한 것'이란 개념을 사용하는 게 아닐까 하고 생각한다. 우리는 지금 성교육이 절실히 필요한 문화 속에서 살고 있다.

미국에서 이혼사유로 경제적인 갈등 다음으로 많이 꼽는 것이 성적 불만족인데, 이 문제 발생의 결정적인 원인이 대화 부족과 정보의 빈약함이다. 파트너와 섹스에 대해 이야기하기 위해 사전 분위기를 조성하기란 마치 빙산을 부수는 것만큼이나 어렵다. 타이타닉 호가 빙산에 부딪혔을 때 무슨 일이 벌어졌는지 우리 모두는 잘 알고 있다.

나의 임상철학 개념을 설명하기 위해 내가 새로 온 환자나 커플을 치료하는 접근법을 간략히 설명하고자 한다. 섹스 치료는 일반적으로 P-LI-SS-IT라는 모델을 따르는데, 이는 동의(Permission)-제한된 정보(Limited information)-구체적 제안(specific suggestions)-집중 치료(intense therapy)의 네 단계를 뜻한다.

우선 환자는 치료사나 상담전문가와 함께 공개적이고 안전하게 자신의 문제와 대면하는 데 동의할 필요가 있다. 둘째로는, 그 문제를 다루기 위해서는 생리 현상에서부터 심리 반응까지 정확한 정보를 갖추어야 한다. 그 다음으로는, 성적으로 다시 건강해질 수 있는 구체적인 조언이 필요하다. 대체로 앞의 세 단계로도 효과를 보지만 어떤 조건에서는 집중 치료를 해야 하는 경우도 있다.

나는 P-LI-SS-IT 모델을 이용, 나만의 버전을 만들어 적용하면서 '나를 보기, 나를 느끼기, 나를 만지기, 나를 치유하기' 상담이라고 명명했다(물론 나는 성장하면서 록밴드 더 후The Who의 노래[더 후의 노래 중에 'see me, feel me'가 있다-옮긴이]를 많이 들었다). 상담이 성과를 거두기 위해서는 무엇보다도 환자를 잘 주시해야 한다. 얼마나 많은 사람이 대인관계 문제로 자포자기 상태에서 숨죽여 살아가는지를 고려한다면 무엇보다 이 점이 중요하다. 그 다음으로 환자의 느낌이 전달되어야 한다. 그의 혼란스러운 감정이 효과적으로 소통되고 파트너가 그것을 느껴야 한다.

세 번째는—좀 까다로운 부분인데—섹스와 애정의 실천 과제를 집에서 실행한 후 다음 상담 시간에 논의하는 것이다. 이 모든 것이 치유 과정으로 들어가기 전에 이루어져야 한다. 그래서 독자인 라티티아의 질문에 답하자면, 사랑은 분명 수수께끼 같은 것이 맞다. 그렇지만 성에 대해 무지한 것은 또 다른 문제다. 나태함, 편견, 두려움이 무지를 만들어낸다. 섹스에 대해 더 많이 알게 될수록 느끼고 이해하고 음미할 것들이 더 많아진다.

그렇다. 빙산을 들이받는다고 반드시 배와 함께 침몰하는 것은 아니다!

c h a p t e r 0 1

남성의 몸

남성의 몸은 갑옷을 입고 있다

패셔니스타인 당신, 한 장면을 떠올려보자. 어떤 남자가 한밤중에 깨어서는 어질러진 어두운 방을 천천히 가로질러 화장실로 가고 있다. 한 손을 앞쪽으로 뻗어서 화장실 문과 전등 스위치를 더듬는다. 그런데 나머지 한 손으로는 뭘 하고 있을까?

생식기를 보호하고 있다.

당연하지 않은가? 남자라면 누구나 자신의 음부를 보호한다. 왜 아니겠는가? 어느 누구도 고환에 흠이 가길 원치 않을 테니까.

그런데 이런 자기방어의 발상이 단순한 반사작용 그 이상이며, 어쩌면 남성의 마음속 깊은 곳이나 성적으로 어두운 구석을 가늠할 수 있는 실마리가 된다면?

더 자세히 설명해보겠다. 남성의 생식기는 몸 바깥을 향해 발육한다. 사내아이들은 어릴 때부터 직감적으로 생식기를 보호한다. 이런 본능적인 보호 욕구는 시간이 지나면서 내적 의식으로 확고하게 자리잡는데, 이에 따라 신체적 '움츠러들기pulling in'가 골반 전체로 확장된다(믿지 못하겠으면 클럽에서 춤추는 남자들을 관찰해보라. 다들 '중간이 사라진 춤'을 추는 것처럼 팔과 다리만 흐느적거릴 것이다).

수년 동안 다양한 무용 강사와 요가 강사, 물리 치료사, 척추 지압사들과 이야기를 나눠본 결과, 그들 모두 성인 남성의 골반이 곧잘 긴장 상태로 있다는 데 의견을 같이했다. 이 전문가들은 여러 이유로 남성들과 작업하며 그들이 골반을 '열도록open up' 돕고 있다. 때로는 요통 다스리는 것을 돕고, 때로는 부상에서 회복하는 과정을 함께하기도 하고, 또 어떤 경우에는 결혼 피로연에서 프랑켄슈타인처럼 보이지 않도록 자연스럽게 춤추는 방법을 가르치기도 한다.

이 책의 목표는 당신의 파트너가 골반을 열 수 있게 도움으로써 섹스 동안 그가 조금 덜 움츠러들면서 더욱 관능적이고 짜릿한 경험을 하도록 만드는 데 있다.

물론 움츠러들기 감각은 단지 신체적인 것에만 해당되는 게 아니다. 남성은 보통 신체적 · 감정적 · 심리적인 '보호막'들로 둘러싸여 있고, 이 보호막은 골반에서 시작하여 몸과 마음 전반에 퍼져 있다. 한마디로 모든 남성은 번쩍이는 갑옷을 입은 기사라 할 수 있다. 뭐 그다지 빛나는 갑옷은 아닐지라도…….

아마도 이렇게 말할지도 모른다.

"잠깐, 보호라구요? 이보세요! 보호가 필요한 사람은 바로 나예요. 그이가 내 머리를 아래쪽으로 누르면서 내가 헤벌린 입으로 '아아아아' 소릴 내는 걸 원할 때야말로 보호가 필요한 거죠."

잠깐! 내가 이야기하고 있는 게 바로 그 부분이다. 대부분의 남성에게 섹스란 페니스로 시작해서 페니스로 끝난다. 페니스 너머로 확장되지 않는다. 고환이 함부로 다루어질지도 모른다는 두려움에서부터 회음(고환과 항문 사이에 있는 부분으로 신경섬유의 말단이 잔뜩 모여 있으며 남성의 지스팟G-spot을 보호한다) 주변의 예민성, 또 엉덩이에 관한 한 '그 아래는 절대 건드리지 마'라는 태도에 이르기까지 남성이 겪는 섹스는 억눌리고 제한된 경험이자 생생한 긴장의 응축물인 셈이다.

'고환올림근(고환을 매달고 있는 심줄-옮긴이) 반사'처럼 생리적이고 무의식적인 보호 동작도 있다. 고환올림근은 남성 허벅지 안쪽을 만질 때 반응을 일으키는 곳이다. 이때 고환은 위쪽과 안쪽으로 끌어당겨진다.

하지만 이러한 보호 동작들은 대체로 그 특성상 심리적인 것이다. 남성다움에 대한 탐색은 냉정을 유지하는 법을 알게 되는 대단한 여행이 될 것이다.

의학 박사인 R. 루이스 슐츠가 쓴 영향력있는 책《공개적으로: 완전한 남성의 골반Out in the Open: The Complete Male Pelvis》에는 이런 내용이 있다.

"우리 모두는 사회생활을 하면서 어느 정도 통제가 필요하다. 하지만 너무 심하면 로봇 같은 사람이 된다. 통제는 언제나 바람직한 것이다. 통제는 자신의 기분이 삶에 영향을 끼치지 않게 만든다. 통제는 즐거운 삶이 목표가 되는 걸 허락하지 않는다. 통제는 기분을 표현하지 않게 한다. 통제는 중립적이거나 중성이다. 통제는 육체의 쾌락이 아니다. 통제는 섹스의 즐거움을 줄이는 것이다. 통제는 다른 사람들의 기분을 인지하지 못하고 또 반응하지 않는 것이다. 왜냐하면 자신의 기분도 알지 못하기 때문이다. 통제는 언제나 감정의 수면 위에 존재한다."

이 구절을 길게 인용한 이유는 슐츠 박사가 내과의사이자 딥 티슈deep tissue 마사지 전문가로 지내면서 경험하고 관찰한 것에 근거를 두고 있다는 것 외에 나와 상담했던 여성들이 남성에 대해 이런 불평을 자주 했기 때문이다.

"그 사람은 감정과는 담을 쌓았어요."

"그는 표현하지 않을 거예요. 모든 걸 마음에 담아두고 있지요."

"우리는 섹스를 하긴 하지만 사랑을 나누는 건 아니에요."

"그는 섹스에 대해 이야기하지 않을 거예요. 얘길 꺼내면 바로 나가버려요."

슐츠 박사는 통제라는 주제에 대해, 그리고 통제로 말미암아 나타나는 신체상의 징후에 대해 계속 서술한다.

"통제를 잘하려면 무감각해져서 느끼지 않으면 된다. 이는 온몸에, 특히 항문과 생식기 부위에 적용되는데 불쾌감이 느껴지는 페니스와 항문을 움츠리면서 시작된다."

남성의 마음에 대해 이야기할 때 다시 다루겠지만, 슐츠 박사가 완전한 골반이라고 이름붙인 항문과 성기 부위는 성적인 욕망과 환상을 대표하는 경우가 많다. 골반은 비록 경비가 삼엄하고 때로는 접근조차 금지되지만 궁극적으로는 자제심을 잃은 방종의 신호와 원하면서도 주저하는 항복의 신호를 내보내는 부위다. 페니스 저편으로 넘어가야만 성적으로 만족스러우면서 완전히 새로운 세계를 발견하고 탐험할 수 있다. 그렇지만 남자가 중국인 곡예사가 아닌 한 이곳은 누구도 탐험하지 않은 완전한 처녀지이자 금단의 도시에 해당한다.

이제 완전한 골반을 한번 들여다보자. 그리고 신체적 · 심리적으로 골반의 다양한 부분이 왜 보호받아야 하는지, 또 패셔니스타가 어떻게 하면 그곳의 자물쇠를 열 수 있는지도 알아보자.

남성 생식기관의 구조

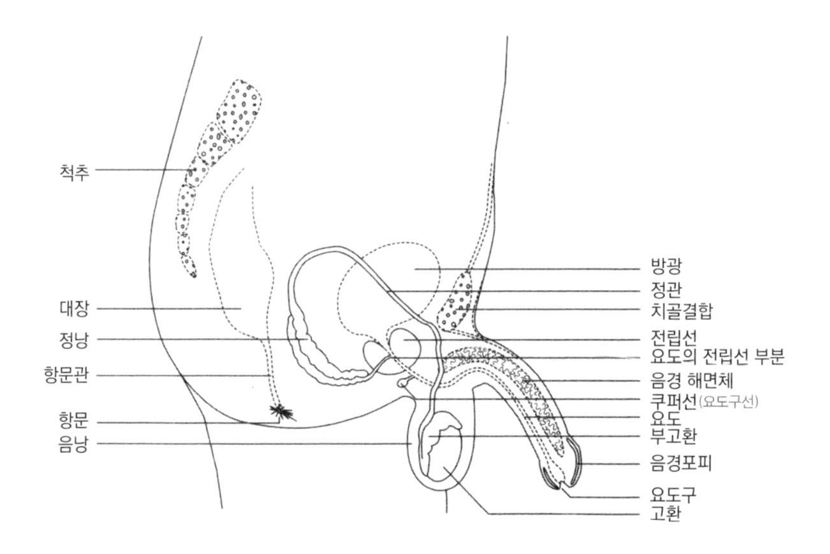

귀두, 귀두관, 음경 소대

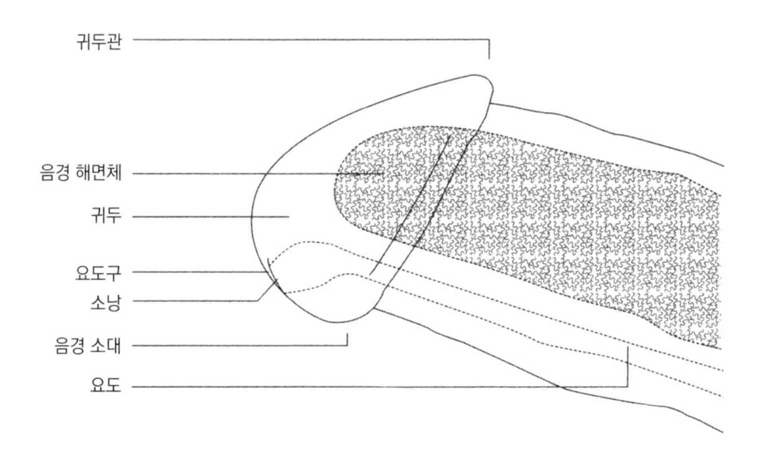

가장 예민한 페니스의 머리 부분

페니스 탐구에서 가장 주목을 끄는 부분은 머리 부분인 귀두다. 귀두는 부드럽고 살집이 있는 부위로 신경섬유의 말단이 다량 분포해 자극에 민감하고 흥분하면 부풀어오른다. 귀두관龜頭冠(페니스 몸체와 귀두가 만나는 곳에서 돌출되어 나온 부분-옮긴이)의 솟아오른 마루에서부터 음경 소대(많은 남성들이 이곳을 '성적으로 가장 감미로운 부분'으로 여긴다) 아랫면에 이르기까지 귀두는 확실히 남성의 몸 중 가장 예민한 곳이다.

귀두는 여성의 클리토리스만큼이나 접촉에 굉장히 민감하다. 오르가슴을 느낀 후나 막 흥분하기 시작했을 때 특히 더 그렇다. 대부분의 남성이 자위하는 동안 귀두를 심하게 자극한다. 성적인 쾌락을 얻고자 할 때 귀두만 염두에 두는 남성들도 많다.

샐리 티스데일Sally Tisdale은 《말로 나를 흥분시켜봐: 친밀함의 섹스 철학Talk Dirty to Me: An Intimate Philosophy of Sex》에서 이렇게 적고 있다.

"남성의 성은 나의 성과는 근본적으로 달라 보인다. 페니스의 머리와 몸체를 제외하고는 몸의 어떤 부분도 관련되거나 수고할 필요가 없고, 벗을 필요도 더럽힐 필요도 없기 때문이다……."

그렇지만 그 민감함 때문에 귀두 또한 심리적으로나 육체적으로 보호받아야 할 곳이다. 귀두 자극에 대한 남성의 불평은 돌격하듯 클리토리스에 덤벼드는 남성에 대한 여성의 불만과 달라 보이지 않는다. 어떤 여성은 이렇게 투덜거렸다.

"스페인의 팜플로나에서 열리는 소몰이 축제 알죠? 거기서 황소들이 미친듯이 질주해 가잖아요. 그가 내게 오럴섹스할 때마다 바로 그런 느낌이 들어요. 난 당장 빠져나오고 싶은 심정이 된다고요!"

안타깝게도 여성들만 그렇게 습격당하는 것이 아니다.

"그 여자는 소젖 짜듯 나를 쥐어짜요."

"내가 페퍼로니 소시지인가요? 이빨로 깨물어서 자국까지 남겼어요."

"이를 조심해요. 이를 조심해!"(〈Teeth〉, 2007 미국 영화. 결혼 전까지 순결을 지키기로 서약한 여고생의 성기에 날카로운 이가 숨겨져 있어 자신도 모르는 사이에 남자들의 성기를 무참히 잘라버리게 된다는 호러 코미디 영화－옮긴이)

몸에 상처가 어지간히 많은 어느 경찰은 아내의 오럴섹스 실력에 대해 이렇게 투덜거렸다.

"네, 장담합니다. 마약밀매 현장을 덮치는 일보다 아내가 그걸 하는 게 더 겁납니다. 밀매 현장에선 최소한 경찰 제복이라도 입고 있잖아요. 내게 진짜 필요한 게 뭔 줄 아세요? 내 거시기에 입힐 방탄복이오!"

귀두에 초점을 맞춘 또 다른 유형의 보호는 조루에 대한 불안이다. 거의 모든 남성이 어느 정도는 조루와의 힘겨운 싸움을 벌이는데, 미국에서는 조루가 발기 장애보다 3배나 더 많은 문제라는 보도가 있었다. 수많은 보고서에 따르면, 너무 빨리 사정할지도 모른다는 불안 때문에 남성들이 섹스의 즐거움을 느끼는 데 상당히 곤란을 겪는다고 한다.

〈섹스 앤 더 시티〉의 주인공 킴 캐트럴이 쓴 책 《만족 Satisfaction》에는 이런 말이 있다.

"조루증이 있는 남자는 나를 불행하게 만든다."

남성 입장에서 장담컨대 여자를 불행하게 하는 존재가 되는 건 전혀 즐겁지 않다. 특히 그것이 성행위 능력 또는 킴 캐트럴과 관련된 것이라면 말이다. 비아그라 광고가 넘쳐나고 발기 부전은 이미 대세가 된 듯한데 조루는 여전히 소리 없이 고통을 견디고 있다.

남성에게 하는 질문: 당신 페니스에 이름을 붙인 적이 있는가? 있다면 무엇이고, 없다면 뭐라고 부르고 싶은가?

대답: 대못, 고질라, 킹콩, 꼬마, 바다원숭이, 겁쟁이, 철인존, 작동 잘 되는(안 되는) 작은 엔진

여성에게 하는 질문: 남자친구의 페니스를 어떻게 부르겠는가?

대답: 빠름, 씩씩함, 피곤함, 주름살, 게으름, 우디(우디 앨런 같이 신경과민에 우유부단한), 머뭇거리는 작은 엔진

한마디로 민감한 귀두는 항상 갈등이 존재하는 부위이다. 귀두 자극보다 더 즐거운 행위는 없지만 지나치게 자극하면 신경이 곤두서고 견디기 힘들어진다.

《섹스의 새로운 기쁨The New Joy of Sex》에서 알렉스 컴포트 박사는 펠라티오에 대해 이렇게 썼다.

"어떤 남성들은 아주 짧게라도 성기에 키스를 받으면 사정해버리고 만다."

나쁜 자위 습관은 상황을 더욱 악화시킨다. 귀두에만 집중하는 자위 습관 때문에 조루가 고착화되고 이것이 일상적인 성기능 장애로 이어진다. 상담 남성 몇몇은 조루에 대한 걱정 때문에 데이트조차 않거나 나름 깊게 사귀던 여성과 헤어지기도 했다. 물론 왜 헤어지는지 이유조차 설명하지 않은 채로.

만성적으로 조루를 겪는 사람들은 콘돔을 겹쳐서 끼거나, 술을 마시거나, 감각을 무디게 하는 약품을 쓰기도 하고, 야구 통계를 생각하거나, 심지어 죽은 사람에 대해 생각하는 등 쾌

감을 줄여주는 것이라면 무엇이든 한다고 한다. 그렇지만 사실은 이 모든 노력이 방향을 잘못 잡은 것이다. 조루를 극복하기 위해서는 쾌감을 줄일 게 아니라 오히려 증가시키되 다른 곳으로 분산시키는 것이 필요하다. 귀두 너머에 있는 영역들로 성적 경험을 확장시켜야 하는 것이다.

> "조루 문제로 고민하는 남자친구가 있어요. 그의 자존심 안 다치게 내가 이 문제를 처리할 방법이 있을까요?"
>
> – 메이지, 31세

남자친구가 속도를 줄이면서 여행의 즐거움을 맛보게 해야 한다. 아래 3단계 과정, '즐겁게 하기, 쥐어짜기, 편안하게 해주기'를 실행하면 된다.

1단계: 즐겁게 하기

파트너가 조루로 고생하고 있다고 굳이 불안에 휩싸인 채 대화를 나눌 필요는 없다. 사실 그 문제를 당신도 안다는 걸 그가 눈치채지 않게 이 문제를 개선할 수 있다. 그러면 의외로 엄청나게 재미를 볼 수도 있다.

남자친구에게 다중 오르가슴의 황홀한 경험을 원한다고 말해라. 당신이 가능한 한 끝까지 데려가주겠지만 선을 넘을 것 같으면 알려줘야 한다고. 손과 입으로 자극을 주면서 사정 직전까지만 간다면 남자친구는 한두 번 절정에 이르는 수축을 경험하면서 아주 만족스러워할 것이다. 이 과정은 골반 전반에 고조된 성적 긴장감을 풀어주고 페니스에 몰린 피를 다른 곳으로 분산시키면서 남자친구가 속도를 늦출 수 있게 만든다.

2단계: 쥐어짜기

일단 남자를 즐겁게 해주었다면 이제 쥐어짤 시간이다. 페니스의 귀두 바로 아랫부분을 쥐어짠다. 엄지와 집게손가락으로 잡은 다음 페니스의 아랫부분을 따라 흐르는 요도를 압박한다. 이 테크닉은 마스터스와 존슨(1957년에 팀을 이루어 인간 성적 반응의 본성과 성적 질환의 진단과 치료에 관한 선구적인 연구를 진행했다－옮긴이)이 개발한 것으로, 페니스에서 혈액을 밀어내면서 사정 반응을 억제한다.

3단계: 편안하게 해주기

충분히 짜냈다면 페니스에서 손을 떼고 포옹과 키스를 하면서 다른 신체 부위를 자극한다. 어떤 식으로든 다시 성기를 직접 자극하기 전에 30초~1분 정도의 시간을 가진다. 남자친구가 긴장을 풀고 흥분을 가라앉히도록 하는 단계이다. 물론 그가 당신을 즐겁게 해줄 수 있는 기회이기도 하다.

급하게 사정하는 남성들은 보통 섹스 상대가 오르가슴에 이르지 못할까 봐 몹시 불안해한다. 이들은 손과 입으로 여성을 자극하는 것도 무척 좋아하고, 섹스 도구를 사용하기도 한다. 이렇게 배려하는 섹스야말로 내가 쓴 책《그 남자의 섹스》의 핵심 철학이다. 또 급한 남성들이 여성을 만족시키는 동시에 자신감과 통제력을 키울 수 있는 원리이기도 하다. 둘이 동시에 오르가슴에 이르러야 한다는 생각은 이제 버려라. 차례로 느끼면 된다. 물론 여성이 먼저다.

첫 경험이 가장 아픈 법이다

포경수술을 하지 않으면 귀두가 음경의 포피로 덮여 있는데, 흥분하는 경우 포피 바깥으로 돌출한다. 미국에서는 포경수술이 일반적인 관행이지만 그렇지 않은 나라들도 있다. 하지만 많은 사람들이 포경수술을 성기 절제(할례)에 비유하면서 점점 더 논쟁거리가 되어가고 있다.

의료기관의 일원인 경우가 많은 전통주의자들은 남녀 모두에게 포피는 중요치도, 아무 기능도 없는 피부 덮개라고 주장한다. 나아가 성행위를 통해 전염되는 감염에 더 취약하게 만든다고 얘기한다.

반면 포피가 성적 쾌감과 위생이라는 두 가지 면에서 중요한 역할을 한다고 주장하는 학설도 있다. 포피에는 신경섬유 말단이 밀집해 있어서 포경수술을 하지 않은 남성의 포피를 자극하면 아찔한 쾌감을 느끼게 된다.

그럼에도 포경수술을 받지 않은 대부분의 남성들에게 포피는 원치 않는 또 하나의 보호막이 되어버린다. 그들은 포피를 낯설게 대하는 반응에 예민하다. 포피를 대면하면 남녀 할 것 없이 당혹스러워하고 심지어 역겨워하는 사람도 있다.

이런 상담 사례도 있었다. 과거에 사귀었던 남자친구의 포피를 처음 본 순간 한 여성이 장난스럽게 이렇게 말했다.

"이런, 대체 저걸로 내가 뭘 해야 하는 거지?"

그 이후 가엾은 그 남자는 발기 장애가 생겨 그녀 앞에서는 두번 다시 발기할 수 없게 되었다.

"새 남자친구에게 처음으로 오럴섹스를 하려다 포피를 본 순간 그 자리에서 딱 굳어버렸죠. 이게 뭐람! 예전에 만났던 남자들은 전부 정상이었어요. 전 정말 기겁했어요. 어쩌죠?"

– 제니, 26세, 법률사무원

사실 북미 지역에선 포피 절제가 일반적이지만 유럽이나 다른 문화권에서는 흔한 일이 아니다. 그래서 세계적인 관점에서 본다면 포경수술을 받지 않은 남성이 훨씬 더 '정상'이다.

나아가 포피는 남자친구와 당신의 성적 쾌감에 큰 역할을 한다는 사실도 알아야 한다. 포피에는 감각 수용체가 많아 자극을 주면 쉽게 흥분한다. 그래서 포피가 귀두 뒤쪽으로 움츠러들면서 귀두의 더 넓은 면이 드러나는데, 많은 여성이 섹스 때 이 귀두 면을 자극한다. 어떤 여성들은 이 포피를 '지스팟 자극기'라고 부르기도 한다.

또 포경수술을 하지 않은 남성들은 보통 위생에 무척 예민하다. 때문에 그런 남성은 아마도 다른 남성에 비해 훨씬 더 깔끔할 것이다(여성들을 상대로 한 설문조사의 내용이 '큰 페니스와 깨끗한 페니스 중 어느 쪽이 더 중요한가'였다. 물론 깨끗한 페니스가 쉽게 이겼다! 깨끗한 입과 더불어).

그렇지만 파트너에게 예전에 포경수술을 하지 않은 남자와 사귄 적이 없다고 이야기하는 건 괜찮다. 당신이 그렇게 말한 첫 번째 사람은 아니기 때문이다. 다만 패셔니스타로서 한 가지 명심할 일은 의견을 얘기할 때는 긍정적이고 건설적인 방식으로 하라는 점이다.

또한 포피가 훌륭한 섹스를 방해하는 것이 아니라 오히려 섹스의 쾌감을 향상시킨다는 점도 기억해라. 어떤 여성의 말대로 음경 포피는 돈으로는 살 수 없는 가장 멋진 섹스 도구다.

잘못 알고 있던 페니스 몸체

페니스 몸체는 페니스의 중간 부분으로 원통 모양의 세 기둥으로 구성된 부드러운 조직이다.

《수다스런 남근Talking Cock》의 저자 리처드 헤링은 재치 넘치는 이 책에서 더 큰 2개의 원기둥인 음경 해면체에 '욕망의 폐'라는 별명을 붙이며 이렇게 설명했다.

"왜냐하면 이 음경 해면체가 흥분 상태일 때 혈액을 '들이마시는' 것처럼 보이기 때문이다. 그리고 일이 끝날 때까지 그 들이마신 숨을 유지한다. 음경 해면체는 단어가 유래한 라틴어의 의미대로 '속이 빈 방'이 아니다. 그곳은 시끄럽고 정신없다. 혈액이 들어차 팽창하며 북새통을 이루는 곳이다."

한마디로 음경 해면체를 성욕을 만들어내는 유압장치로 생각하면 된다. 밸브 시스템은 피가 페니스 몸체에 머물도록 붙잡아놓았다가 사정 후 피를 배출하는데, 이에 따라 페니스 몸체가 이완된 상태로 되돌아간다.

크기는 문제 될 게 없다

많은 남성이 페니스 몸체의 크기에 대해 걱정한다. 너무 작아서 걱정이라는 사람들은 그렇다 쳐도 너무 커서 걱정하는 남

페니스 단면

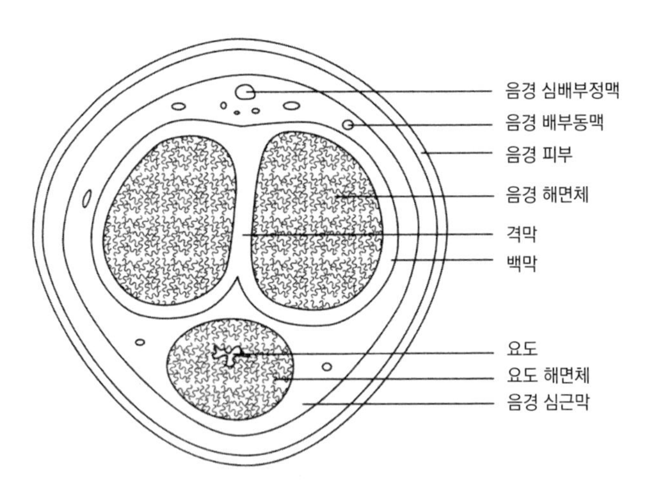

성도 있다. 모양과 크기와 상관없이 페니스 크기는 남성에게 성적 능력에 대한 불안을 불러일으키는 주된 원인이다.

그렇다면 크기가 정말 문제 될까? 그것은 사람에 따라 달라 당신에게 문제 될 때만 문제가 된다. 외음부 표면에 있는 클리토리스는 여성 오르가슴의 원동력이다. 따라서 엄밀히 말하면 여성이 오르가슴을 느끼기 위해서 반드시 깊은 삽입이 필요치는 않다. 하지만 질 내부에 있는 지스팟을 자극하면 클리토리스 오르가슴이 강화되기 때문에 페니스나 손, 섹스 도구 등을 삽입할 필요가 있다. 그러나 지스팟은 질 입구에서 고작 3~8센티미터 정도 안쪽에 위치해 있어 어떤 페니스라도 충분히 닿는다. 참으로 작은 페니스를 가지고 있는 게 아니라면 말이다.

BBC 뉴스에 따르면, 발기했을 때 5~8센티미터도 안 되는 길이 때문에 고통받는 남자는 200명 가운데 1명꼴이라고 한다. 사실, 여성의 오르가슴에 기여하는 민감한 신경섬유 말단이 거의 질 입구에서 대략 3센티미터 이내에 있다는 걸 고려하면 굵기가 길이보다 훨씬 더 중요하다. 나중에 골반 마사지를 통해 자연스럽게 페니스 길이를 늘이는 테크닉에 대해서도 살펴볼 것이다.

페니스 크기는 겉보기로는 판단이 불가능하다. 발기하지 않은 작은 페니스는 발기하면 보통 2배로 커진다. 여성들 대부분이 페니스가 삽입될 때 받는 육체적인 자극과 감정적인 친밀감을 즐겨 페니스 크기는 일반적으로 생각하는 것만큼 문제되지 않는다. 왜냐하면 질은 압착되어 있는 관으로서 성적으로 흥분하면 '불룩해지면서' 페니스 주위를 단단하게 감싸기 때문이다.

그렇긴 해도 섹스는 단순히 오르가슴을 만들어내는 행위 이상이다. 섹스는 신체적·심리적·감정적인 경험으로 결국 각각의 여성이 페니스 크기에 대해 어떻게 느끼는가에 이런 경험들 전체가 영향을 미친다.

많은 남성이 페니스가 크면 당연히 좋은 연인이 된다고 생각하는 것 같다. 혹은 반대로 작은 페니스는 여성으로 하여금 성적으로 열등하다고 간주하게 만든다고 느끼는 것 같다. 그러나 실제로 경험해보고 나서는 여성 대부분이 더 큰 것이 무조건 더 좋지만은 않다는 사실을 깨닫는다.

여성의 가슴 크기나 형태가 성욕의 자극 정도를 결정한다고 생각하는 남성도 있을 것이다. 하지만 가슴 크기와 마찬가지로 페니스 크기도 오르가슴의 실질적인 생리기능이나 성적 · 육체적 쾌감과는 아무런 관계가 없다.

페니스에 대한 여성들의 생각

요즘은 페니스가 제대로 기능하는지가 가장 중요해졌다. 반면 좋은 남자를 찾기는 점점 더 어려워지고 있다. 아니, 열심히 하는 남자를 찾는 것이 더 낫다고 표현해야 할까!

"짧은 건 신경 쓰지 않아요. 그렇지만 역시 굵었으면 하는 기대를 하죠."

"그건 전적으로 서로 잘 맞느냐 하는 문제죠. 거기 크기보다는 그가 어떤 사람인가에 달렸다고 봐야죠. 정서적으로나 육체적으로 잘 맞아야겠죠."

"남자를 사랑하면 그의 페니스도 사랑하게 되는 거죠."

"크기는 상관없어요. 어차피 남자들 대부분이 자기 물

건으로 어떻게 해야 하는지 모르거든요."

"거시기가 작은 남자가 좋아요. 그런 남자는 무진장 애를 쓰죠. 큰 걸 가진 남자는 성의가 없어요."

"질이 왜 대단하냐 하면 유연하기 때문이죠. 한 사이즈로 모든 페니스에 맞추거든요."

"남자들 대부분이 내가 뭔가 느낄 때까지 충분히 버텨주지 않아요."

많은 남성에게 페니스 크기는 사실 여성의 만족을 염려하는 문제라기보다 자기들 자존심 문제다. 고급 스포츠카나 멋진 롤렉스 시계처럼 페니스 크기는 남자답다는 느낌을 강화시켜준다.

여성들은 가슴 크기나 모양에 대해, 그리고 그것 때문에 생기는 자신없음에 대해 자기들끼리 솔직하게 이야기를 주고받는다. 반면 남성들은 설령 페니스에 대해 이야기한다 해도 마음 터놓고 대화하는 경우가 드물다. 세상에 존재하는 온갖 크기와 모양의 가슴을 알고 싶다면 여성들은 그냥 주변을 둘러보기만 하면 된다. 그렇지만 자신의 것이 얼마나 큰지 걱정하는 남성에겐 판단의 근거로 삼을 만한 것이 거의 없다. 걸리면 얻어터질 각오로 라커룸이나 화장실에서 훔쳐보지 않는 한 말이다. 그 때문에 남성들은 페니스 크기에 대한 정보를 주로 포르노나 다른 남성의 '과대 포장된' 이야기에서 얻게 된다.

남성들이 페니스를 내려다볼 때의 각도 때문에 실제보다 더 작게 보인다는 점까지 고려하면, 펌프에서 알약에 이르기까지 페니스를 확대시켜준다는 가짜 성인용품의 대규모 시장이 존재하는 이유를 이해하기란 어렵지 않다.

프로이트의 이론이 말하듯 페니스를 갖고 싶어 하는 여성을 아직 만나보진 못했지만 이런 세태의 제물이 된 남성들은 수없이 많은 것 같다. 대부분의 남성들처럼 무기력한 삶을 살았던 것을 고려하면 프로이트 역시 뭔가 대단한 걸 기대했던 것인지도 모른다. 서로의 성기를 슬쩍슬쩍 확인하고, 포르노의 긴 페니스나 과장되게 묘사된 고대의 남근상을 부러워하면서, 남성들은 오랫동안 페니스 치수와 팽창한 크기를 근거로 자신의 정력을 측정하고 비교해왔다.

'그런 것들 중 하나'를 가지는 것이 어떤 기분일지 곰곰이 생각해본 적이 있는 여성들을 위해서 여기 다른 패셔니스타의 '남근에 대한 사색' 몇 가지를 소개한다.

"페니스가 있다면 서서 오줌 누겠죠. 또 어두운 골목이나 나무 뒤에서 불쑥 나타나 페니스를 꺼내 드는 것 따위도 걱정 않고요."

"정자를 기증할래요."

"남자친구에게 펠라티오를 시킬 거예요. 삼키게도 해야죠."

"내가 삽입해보는 건 흥미진진할 것 같아요. 삽입당하는 게 아니잖아요."

"세상을 지배해야죠."

"돼지처럼 꽥꽥거리는 딕 체니(2001~2009년 미국 부통령 - 옮긴이)처럼 굴어보고 싶어요."

사실 페니스가 너무 클 때 문제가 발생하는 경우가 많다. 거대한 페니스를 보면 많은 여성이 겁에 질리고 다칠 것을 걱정한다. 실제로 부상을 입는 경우도 있다.

그렇다고 그와 섹스를 할 수 없다는 뜻은 아니다. 다만 더 천천히 해야 하고, 여성이 성적으로 충분히 자극되어 있어야 하며, 손에 윤활제를 충분히 바른 상태에서 페니스를 잡고 이끌기 편하도록 같은 방향을 보고 옆으로 나란히 누우면 된다.

한 상담 여성은 약혼자의 페니스 크기가 너무 걱정돼서 파혼까지 생각했다. 그녀의 여자친구들이 그 상황을 가지고 장난치면서 그녀의 입장이 된다면 차라리 죽어버리겠다고 이야기해대는 바람에 상황은 더욱 나빠졌다. 하지만 그녀의 불안은 진지한 것이었고, 작은 페니스 때문에 생기는 걱정에 비하면 성관계에 미치는 영향은 더욱 치명적일 가능성이 높다.

"남자친구가 계속 자기 거시기가 작아서 미안하다고 사과해요. 그것 말고는 자기를 깎아내리는 일 따위는 없어요. 그런데 사실 그의 페니스는 정말 작아요. 남자친구가 뭐라고 할 때마다 전 못 들은 척했는데 이게 상황을 더 나쁘게 만드는 것 같아요. 다음에 그가 또 페니스에 대해 이야기하면 어떻게 하면 좋을까요?"

– 리즈, 28세, 의류 소매업자

여성들에게 물어보면 분명히 대부분의 남성들이 자기들이 애지중지하는 그 조이스틱에 관한 일이라면 별것도 아닌데 몹시 과장한다고 말할 것이다. 바꿔 말하면 남성들은 페니스 크기에 너무 민감하다는 것이다.

최근 남자 대학생을 대상으로 '여자친구에게 섹스에 대해 질문할 수 있다면 뭘 묻고 싶은가?'라는 설문조사를 했다. 물론 나는 섹스 중에 연기한 적이 있는지가 가장 궁금할 거라고 확신했다. 가장 많았던 질문은 무엇일까? 그것은 바로 '예전에 만났던 남자와 비교해 내 물건은 어느 정도?'였다.

남성이 자기 성 정체성의 비중을 얼마나 많이 페니스에 두고 있는지에 대해 여성들이 과소평가할 수는 없다. 그러니 질

문을 이렇게 바꿔보자. '남자 페니스 크기가 작은 것에 신경 쓰이는가?'

사실은 이렇다. 파트너의 것이 보잘것없이 작아서 불평하는 여성과 대화할 때마다 진짜 문제가 불거져나오는데, 문제의 핵심은 크기에 관한 것이 아니라 그녀의 오르가슴이 충분치 못했다는 것이다. 페니스 크기에 만족하든 아니든 대화의 초점을 양이 아니라 질에 맞춰야 한다는 얘기다.

성적으로 만족하지 못해서 남자와 헤어진 여성은 수없이 만났지만, 단지 크기 때문에 남자를 떠난 여성은 1명도 없었다. 잘 알려진 오래된 농담 하나가 있다.

"빌어먹을 놈은 8센티미터 페니스로 사랑해준 다음 15센티미터 혀로 작별인사를 하고 가는 놈이지."

섹스에는 페니스 크기보다 더 많은 것이 담겨 있다. 조언한다면, 다음에 그가 또 자기 크기에 대해 농담하면 그때를 진짜 대화 시점으로 삼으라는 것이다. 왜 그렇게 크기에 신경 쓰는지 물어봐라. 당신을 만족시키고 싶어서, 또는 크기가 만족과 관련이 있다고 믿기 때문이라면 그의 생각을 바로잡아줄 기회를 놓치지 마라. 내가 아는 한 여성은 자기 크기에 자신 없어 하는 남편에게 "당신 것이 내가 봤던 유일한 페니스는 아니지만 내가 알아야 할 가치가 있는 유일한 거야" 하고 정리해주었다.

마지막으로 지금까지 말한 것으로도 충분치 않을 만큼 작은 사람들을 위해서 한마디 덧붙이겠다. 어림잡아 페니스의 3~8센티미터 정도는 보통 회음 안쪽에 잠겨 있다. 골반 부분이 단단해질수록 회음 근육이 페니스를 잡아당겨 몸 안쪽으로 끌어들일 확률이 높다. 뒤에서 다시 다루겠지만 긴장의 이완이나 호흡, 마사지 등을 통해 남성의 골반이 벌어지면 페니스가 실제로 늘어난다!

"제 남자친구는 섹스 중에 내가 위로 올라지 못하게 해요. 자기 페니스를 내가 '부러뜨릴까 봐' 겁이 나서 그러죠. 그게 가능하기나 한가요?"

– 타니아, 36세, 변호사

가능하다. 믿기든 믿기지 않든 페니스가 부러지는 경우도 있다. 매우 드문 일이긴 하지만(재미있게도 자기 페니스가 부러질지도 모른다고 불안해하는 남성은 실제 발생률보다 훨씬 더 많다).

페니스가 부러지는 경우는 보통 발기한 페니스를 골반 뼈처럼 단단한 물체에 대고 밀어 넣을 때다. 페니스가 부러지면 '우두둑' 하는 소리가 나기 때문에 바로 알 수 있는데, 그러면 발기 상태가 풀리면서 페니스가 어느 한쪽으로 구부러진다. 만약 이런 일이 발생하면 즉시 치료를 받아야 하며 어쩌면 수술을 받아야 할지도 모른다. 이런 일로 응급실에 가는 건 별로 유쾌한 일이 아닐 것이다.

실제로 페니스가 부러진 남성은 아직까지 한 번도 만나보지 못했다. 단지 섬유증(굳어진 조직) 때문에 발기시 페니스가 활모양으로 휘는 페이로니병을 가지고 태어난 남성과 상담한 적은 있다. 부러진 사례를 딱 한 번 들었는데, 남자보다 덩치가 크고 체중이 훨씬 더 많이 나가는 여자가 여성상위 체위로 거칠게 섹스했다고 한다. 결국 그의 성기는 골절되고 당황스러운 응급실 치료 후 이들의 요란했던 섹스가 예전만큼 활기를 띠지 못했음은 말할 필요도 없겠다.

성교 체위 및 부러진 페니스와 관련해 생각할 때 여성상위 체위는 페니스에 부목을 대야 할 확률이 가장 낮은 방법 중 하나다(그렇다. 부러진 페니스는 '접골'해야 한다). 왜냐하면 클리토리스를 남성의 골반 뼈에 대고 문지르기만 하면 압박과 그에 따른 쾌감이 발생하기 때문이다. 그래도 남성이 그 체위를 불안해한다면 보통의 정상위나 스푼체위로 시작해서 남성이 완전히 삽입한 후 서서히 몸을 굴려 위로 올라가면 된다.

페니스 아래쪽으로: 아직도 가야 할 길

이제 페니스 몸체 아래쪽을 탐험해볼 차례다. 바로 고환이 담겨 있는 음낭이다.

왼쪽 고환이 오른쪽보다 아래쪽으로 처져 있는게 보통인데 이것은 출생시 왼쪽이 먼저 내려오기 때문이다. 대략 75퍼센트의 남성이 왼쪽으로 처져 있다.

음낭은 열기에 노출되면 늘어지면서 몸에서 멀어지고 반대로 추위에 노출되면 팽팽해지면서 몸 쪽으로 당겨진다.

겁먹은 고환들의 기록

"내 불알을 삼키려는듯 입에 쑤셔 넣습니다. 마치 만두 먹는 것처럼."

"꽉 쥐고 쥐어짜지 말고 살살 쓰다듬어달라구!"

"고환 말고 음낭(피부)에 집중해줘. 살짝 살짝 스치듯 만지고 입으로 물 때도 조금씩 조금씩. 잡을 때도 손가락으로 살짝만."

"여자친구가 내 불알을 만질 때마다 공황발작이 일어납니다. 느낌은 정말 좋지만 그게 또 고문이기도 합니다."

성적으로 흥분되면 섹스하는 동안 고환을 보호하기 위해 몸 쪽으로 끌어당긴다. 고환올림근을 시험해보고 싶으면 그의

허벅지 안쪽을 만진 후 지켜봐라. 고환이 음낭의 경사로를 향해 움직이는 것이 보인다.

음낭에서 더 안쪽으로 들어가면 너무나 예민해서 금기시되는 부위가 있다. 회음에는 페니스의 뿌리가 자리잡고 있다. 음낭과 항문 사이에 있는 이 부분을 때로 '아무것도 아닌 곳'이라 부르는 이유는 정말 이것도 저것도 아니기 때문이다. 하지만 무엇이든 아니든 분명한 것은 이곳이 신경섬유 말단과 발기조직으로 가득 차 있다는 점이다.

발기조직은 흥분하면 골반으로 혈액이 주입되면서 팽창한다(그가 허락한다면). 회음 마사지로 남성의 지스팟으로 알려진 전립선을 자극하는 것도 가능하다. 북쪽으로는 음낭, 남쪽으로는 항문이 자리한 이 부분은 미 해군기지가 있는 쿠바 관타나모 만보다 더 삼엄한 감시를 받는다.

남성에게도 케겔 근육이 있다

여성과 마찬가지로 남성에게도 있는 PC근육(치골꼬리뼈근)은 골반의 건강을 책임진다.

이 근육을 사용하여 정기적으로 운동하면 섹스 시간을 자연스럽게 늘리는 데 도움이 된다. 또 남성이 오르가슴과 사정을 더욱 능숙하게 구분할 수 있게 하는 결과 더욱 강렬한 절정에 이를 수 있다. 남성들은 나이가 들면서 오르가슴의 강도와

쾌감이 덜해졌다고 하소연한다. 이렇게 되는 이유는 PC근육이 계속해서 약해지고 있기 때문이다. 그렇다면 케겔 운동이 필요한 충분한 근거가 되지 않는가. 그러니 당신의 남자가 운동하러 나갈 때 역기를 들어올리는 것만이 해야 할 전부는 아니라고 알려주면 좋을 것이다.

우선 소변 보는 중간에 오줌 줄기가 멈추게 참는 것부터 연습하라고 일러준다. 그러면 PC근육이 어디쯤 있는지 그가 알게 될 것이다. 그러고 나서는 케겔 운동을 반복적으로 한다. 그리고 서서히 운동량을 늘려나가는데, 수축을 유지하는 시간도 함께 늘린다. 이 운동은 어디서나 할 수 있고 때론 남녀가 함께 연습하면 더욱 즐거울 것이다.

케겔이 더 튼튼해지면 삽입 성교할 때 두 사람 모두에게 도움이 된다. 남성은 지속시간을 늘릴 수 있고, 삽입한 채 남성이 케겔 운동을 하면 여성은 지스팟에서 그 움직임을 느낄 수 있다. 여성의 케겔도 남성에겐 좋은 느낌을 준다는 사실을 잊지 마라. 특히 페니스를 빼내는 순간 당신이 꽉 조여주면 그 느낌은 더욱 커진다. 섹스하는 동안 찔러 넣기만 할 게 아니라 서로 조여준다면 더 좋은 느낌을 얻는 건 분명하다.

페니스보다 골반 부분을 신경 써라

회음처럼 항문 입구에도 신경섬유 말단이 풍부하게 퍼져

있어서 커다란 쾌감의 원천이 된다. 하지만 이곳은 남성의 성에 존재하는 어둠의 핵심으로서 보호되고 있다. 당신이 그곳을 만지작거리며 신경을 거슬리면 남자는 영화 〈지옥의 묵시록〉의 말론 브란도처럼 제대로 미쳐버릴 것이다(1797 미국 영화. 조셉 콘라드 단편소설. 어둠의 핵심을 베트남전쟁을 배경으로 각색한 영화. 말론 브란도가 맡은 쿠르츠 대위는 바이런의 시구를 암송하면서 사람의 목을 태연히 따는, 전쟁에 대해 공포를 느끼는 동시에 그 매력에 취해 있는 이중적 인물이다 - 옮긴이).

전립선 또한 쾌감의 원천이다. 이곳은 항문을 만짐으로써 자극할 수 있다. 종종 남성의 지스팟이라 불리지만 이곳도 보호받고 있어 나는 '피스팟Protected Spot'이라고 부르고 싶다. 파트너와 함께 이 강렬한 쾌감 덩어리를 맛보고 싶다면 남성의 몸 앞(복부) 쪽으로 방향을 잡고 직장 안으로 약 3~8센티미터 정도 손가락을 넣으면 된다. 이 방법이 꺼려지면 회음 마사지를 통해 외부에서 전립선을 자극할 수도 있다.

항문을 넘어가면 긴장하면 단단해지는 대둔근이 퍼져 있는 엉덩이가 나온다. 또 '식스팩'으로도 알려진 섬유조직의 띠(복직근)도 복부 아래 사타구니 부분에 위치해 있다. 《공개적으로: 완전한 남성의 골반》에서 루이스 슐츠 박사가 진술한 바에 따르면 이 섬유조직 띠가 일종의 내부 성기 보호대 역할을 한다. 너무 단단해지면 산소 유입을 가로막아서 마비된 듯한 느낌을

복직근(식스팩)

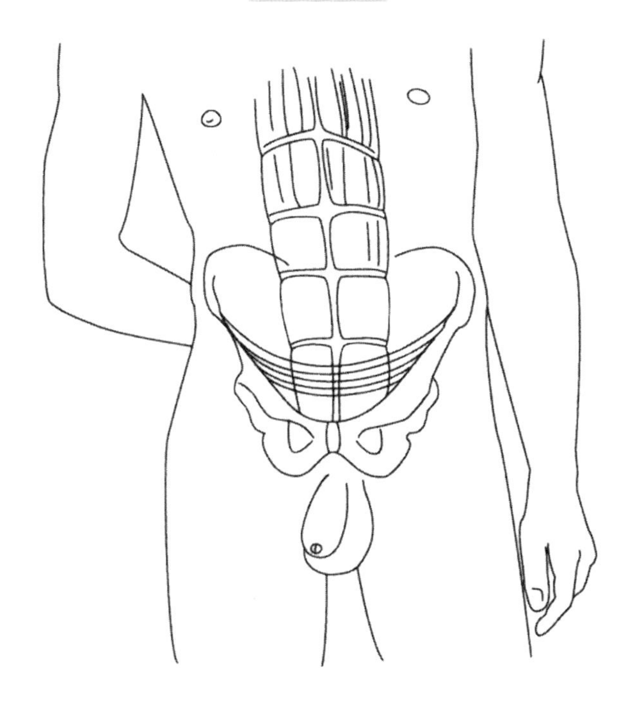

일으키고 흥분을 방해하며, 발기장애, 오르가슴의 약화를 유발한다.

남성의 몸을 탐색할 때 가장 중요한 점은 페니스 너머를 보면서 골반 부분 전체를 고려해야 한다는 것이다. 대부분의 커플이 골반 부분은 소홀히 한 채 페니스 위주의 섹스를 한다. 그러면 페니스가 지나치게 긴장하고, 탄력을 잃고, 어느 정도 감각도 둔해진다. 생리적이고 심리적인 요소들이 결합되어서 골반 부분을 방어하고 지키려는 남성의 강박이 충만한 성적 경험을 가로막는다. 이와는 달리 골반으로 주의를 돌리고 그가 만족을 얻는 과정 전체를 고려한다면, 그의 몸에 뿌리를 두면서도 '육체를 벗어나' 한층 강화된 성적이고 감각적인 경험을 만끽할 수 있을 것이다.

02

남성의 성적 반응 살펴보기

남성들과 불안이나 성적인 문제에 관해 이야기하다 보면 어김없이 10대 시절로 거슬러올라간다. 당황스러웠던 발기 경험이나 골칫거리였던 몽정, 자위로 말미암은 트라우마의 기억이다.

많은 남성의 성장기를 돌이켜보면 형제자매가 사적인 은밀한 순간을 헝클어뜨리고, 엄마는 아무 때나 욕실문을 밀치고 들어오거나 문을 열라고 다그치고, 얼룩이 묻은 침대 시트나 속옷을 가지고 질책하면서 사생활을 방해한다.

당신의 파트너가 어떤 경험을 했든지간에, 강한 흥분상태와 자제심을 잃었던 순간과의 대면은 성적 심리 발달의 중요한 시기에 트라우마나 수치심, 고뇌를 안겨주었을 게 분명하다. 소년기부터 성인기 초기까지는 호르몬의 영향으로 생긴 욕구를 통제하기 힘든 충동으로 경험한다. 이런 경험은 자신을 즐겁게 탐색하는 원천이 되기보다는 오히려 남모르게 재빨리 처리해야 하는 골칫거리로 바라보게 한다.

성적 흥분 과정은 매우 미묘한데 대개는 오르가슴을 향해 미친듯이 돌진하는 것으로 경험한다. 여행이라면 여정 자체보다는 목적지에 초점을 맞추고, 식사라면 천천히 음미해야 할 음식을 게걸스럽게 먹어치우는 데 마음을 빼앗기는 것이다.

남성의 성적 반응은 자위를 통해 한층 강화되기 때문에 여성의 반응 과정과 조화롭게 어울리기 힘든 경우가 많다. 이런 차이는 남녀가 맺는 관계에서 분명히 드러나는데, 어떤 남성들은 어려운 이 문제를 받아들이면서 파트너의 요구에 부응하기 위해 자신의 성적 태도를 재조정한다. 그렇지 않은 남성들은 무지의 늪에서 뒹구는 것 같지만, 이는 여성 파트너에게 거부당할까 두려워서 자발적으로 연기하며 지나치고 있는 것뿐이다.

또 어떤 남성들은 청소년기의 잘못된 환상을 바로잡지 못하고 포르노 방식의 행위에 안주한다. 그 결과 삽입 성교를 통해 오르가슴에 이르지 못하는 여성을 냉담하고 성적 욕구가 없는 비정상적인 사람이라고 비난한다.

많은 남성이 결국은 파트너와 함께 축약본 시나리오에 따른 성행위를 지속한다. 그러나 이런 섹스로는 만족감은 얻을 수 있어도 스스로를 섹스하는 자동인형으로 격하시키고 섹스가 판에 박힌 과정이 되어버린다. 이런 식으로도 남녀가 동시에 오르가슴에 도달할 수 있겠지만 질적인 면에서는 남녀가 따로 하는 성적 긴장감 해소보다 나을 게 없다. 그리고 정서적으로나 새로운 기쁨을 원한다는 면에서나 공허함에 빠질 수 있다. 한마디로 고독한 오르가슴의 세계에서 하는 섹스라 표현할 수 있다.

다른 방법이 없는 것은 아니다. 남성의 성적 반응 과정을 이해만 하면 당신은 자연스러우면서도 예측할 수 없는 참신함 속에서의 섹스를 경험할 수 있다.

남성은 늘 섹스할 준비가 되어 있을까

성 연구가 마스터스와 존슨은 인간의 성적 반응주기가 흥분기 - 고조기 - 절정기 - 해소기로 뚜렷이 구별되는 4단계로 구성된다고 밝혔다. 하지만 전문가들은 이 네 가지 단계를 압도할 만큼 강력한 또 다른 단계가 있다고 의견 일치를 보고 있는데, 바로 성욕의 단계다. 성욕은 모든 단계 중에서 가장 변덕스럽고 신비롭다.

사실 마스터스와 존슨이 성적 반응주기를 처음으로 정의내렸을 때는 성욕 단계를 포함시키지 않았다. 이유는 성욕과 흥분(성적 흥분이라는 용어와 자주 바꿔 사용되기도 한다)이 긴밀히 연관되어 있기 때문인데, 특히 남성의 경우 더욱 그렇다. 남성이 발기하게 해보라. 그러면 바로 사용하기를 원할 것이다. 비아그라, 씨알리스, 레비트라 같은 발기성 흥분제가 성공한 이유도 바로 이 때문이다. 흥분하게 만드는 자극은 종종 성욕 그 자체를 자극하기도 한다.

그래서 남성이 여성보다 더 쉽게 흥분한다는 말은 어느 정도 사실이다. 하지만 남성이 늘 섹스할 준비가 되어 있다는, 즉 걸어다니는 발기 자체라는 억측의 제물로 삼아서는 안 된다. 사실 이런 상투적인 생각과는 반대로, 성욕의 불일치로 어려움을 겪은 커플들과 상담한 결과 남성의 성욕이 더 낮은 경우가 훨씬 더 많았다. 성욕을 잃어가는 남성은 점점 더 늘어가는 반면, 섹스에 굶주린 여성은 침묵 속에서 성적 불만과 절망을 겪고 있는 상황이라고 해도 될 만큼 이런 사례는 비일비재하다.

다음 장에서는 뇌의 화학작용이 짝짓기 과정에 미치는 영향에 대해서, 그리고 (사랑의 열병을 앓는 단계에서) 성욕의 상실이 더할 나위 없이 자연스러운 것이며, 건강하고 만족스러운 애정생활에 방해 되지 않는 이유에 대해서 구체적으로 다룰 것이다.

하지만 남성의 성생활과 관련하여 '남자는 개다. 아무하고나 섹스한다' 따위의 진부한 생각이 통하는 세상에서 여성이 할 법한 가장 나쁜 생각은 성욕을 당연시해 남자는 당신을 원해야 한다고 생각하는 것이다. 단지 그가 페니스를 갖고 있다는 이유만으로!

성욕은 섹스의 시작부터 끝맺음까지 아우른다

섹스에 관심이 없다고 주장하는 남편이나 남자친구가 자위하는 현장을 목격하고 낙담하는 여성들을 자주 만난다. 그들은 파트너가 거짓말을 했다고 생각하며 배신감을 느낀다.

"자위를 하면서 어떻게 욕구가 없다고 말할 수 있는 거죠? 그는 분명히 섹스에 관심이 있어요. 단지 나한테만 없는 거죠, 맞죠?"

아니다. 그가 자위를 한다는 건 분명 긍정적인 신호다. 아직 성욕이 있다는 뜻으로 섹스에 흥미를 잃은 건 아니라는 얘기다. 단지 그와 당신의 성적 관계에 정비와 조율, 어쩌면 연료 주입이 필요하다는 의미다. 조금만 더 창의성을 발휘하고 많은 대화를 하면서 서로를 동시에 흥분시키는 것이 무엇인지 탐구한다면 진부하고 판에 박힌 섹스에 새로운 활기를 불어넣을 수 있다(이에 대해서는 2부에서 다시 다룰 것이다).

사실 사랑에 빠지면 매우 강력한 화학물질이 활기를 불어넣어 성욕에 관한 문제는 더할 나위 없이 쉬워진다. 그러나 지금은 노력해야만 한다. 노력(사실은 이것이 아주 재미있는 것이기도 하다)이 관계를 돈독하게 해주고 아마도 더 자극적이고, 활기차고, 다양한 섹스를 경험하게 해줄 것이다. 노력으로 이루어지는 섹스는 사랑의 열병에 빠졌을 때처럼 뇌를 화학물질로 넘쳐나게 해서 극치의 기쁨까지는 아니어도 전보다는 더 낫거나 적어도 달라질 수는 있을 것이다.

일례로 지금 나누고 있는 섹스가 어느 때보다 좋다는 50~60대 커플을 많이 만난다. 물론 이들은 섹스에 변화가 있었다는 점을 먼저 인정했다. 그뿐 아니라 섹스가 점점 더 독창적인 것이 되었고 더 부드러워졌으며, 오르가슴 중심에서 벗어나 좀더 육감적이어서 결국은 친밀한 것이 되었다고 말한다(이런 변화는 남성이 나이가 들면서 테스토스테론 수치는 감소하고 에스트로겐 수치가 증가하는 사실과 어느 정도 관련이 있다. 그래서 남성이 자연스럽게 섹스의 더 부드러운 면을 발견하는 것이다). 가장 행복한 남성은 궁극적으로 이런 자연스러운 변화를 받아들이고 성적 여정에 놓인 새로운 길을 발견하는 사람이다.

사람들은 나이와 무관하게 변한다. 관계도 변한다. 그런데 왜 섹스는 똑같이 그대로여야 하는가?

성욕은 성적 반응 과정으로 진입하기 위한 발판이다. 물론 단지 출발점만을 뜻하는 것은 아니다. 성욕은 성적 만남에서 관능적인 접착제 역할뿐 아니라 섹스의 시작과 과정과 끝맺음 모두를 아우른다. 또한 성욕은 섹스만 불러오는 게 아니라 섹스를 통해 다시 태어나는 것이기도 하다.

세 종류의 발기

성욕이란 심연을 건너왔으니 이제 갈 길이 조금 간단해 보인다(잠깐씩 헤맬지라도). 남성의 성기를 자극하면 3~4초 내에 발기한다. 그런데 모든 남성이 세 종류의 발기를 경험한다는 사실을 알고 있는가? 무려 셋이다.

첫째 유형은 성적 각성으로 말미암은 것으로 정신 작용에 의한 발기로 여겨지기도 한다. 따라서 나는 '두뇌 발기'라고 부른다. 또 성기를 직접 자극한 결과 반사작용으로 발기하는 것을 '신체 발기'라고 부른다. 그리고 마지막으로 REM 주기(잠자고 있는 동안 안구가 급속히 운동하는 수면의 한 단계 – 옮긴이) 동안 무의식적으로 일어나는 '야간 발기'가 있다. 이것은 남성이 아침에 자주 섹스를 원하는 이유에 대한 설명이 된다. 야간 발기 중에 잠에서 깨어나기 때문이다.

세 가지 발기 유형은 모두 성적 흥분상태에서 중요한 역할을 하기 때문에 잘 이해할 필요가 있다. 예를 들면 남성이 섹스를 지겨워하는 것은 여성과의 관계에서 신선한 정신적 자극이 부족하기 때문이라는 것도 알 수 있다. 달리 말하면 성욕을 일으키는 창의성이 상실됐다는 얘기다.

척추 하부까지 이어져 있는 성기 부분의 신경들을 직접 자극하면 반사작용으로 발기가 된다. 자극이 척추로 전달되었다가 다시 페니스의 발기성 조직으로 돌아오면서 그 순환은 완결

된다. 자, 보라! 발기가 시작될 것이다.

때로 너무 우울하거나 스트레스가 쌓인 사람은 정신적 자극이나 반사작용을 일으키는 자극에도 모두 차단될 수 있다. 그래도 종종 야간 발기 상태로 아침에 깨는 것은 계속될 테니 이것을 실마리로 이용해볼 것을 권한다. 아침에 섰을 때 기회를 엿보자. 앞서 잠깐 언급했듯이, 섹스는 성욕을 증가시키는 발판이 될 수 있다. 오늘 자극적인 성적 접촉이 있었다면 내일 성욕이 만들어낸 환상이 찾아올 수 있다.

섹스가 더 많은 섹스를 부른다는 말에는 분명 진실이 담겨 있다. 그래서 나는 가끔 환자들에게 그런 반사작용의 발기를 기회로 삼기 위해 그냥 신체 자극에 집중하라고 조언한다. 사람에 따라서는 약간의 도움만 주어도 몸이 되살아나는 남성도 있기 때문이다.

너무 단순한 얘기 같지만, 판에 박힌 섹스생활에서 벗어나는 가장 좋은 방법은 그냥 섹스하는 것이다. 이 사실은 남성의 경우 더 잘 들어맞는다. 양전자방사단층촬영(PET) 기술을 이용해 성적 자극을 받는 뇌에 대해 연구한 결과 남성이 여성보다 생식기에서 뇌로 전달되는 감각에 대한 집중력이 현저하게 높은 것으로 나타났다.

코펜하겐에서 열린 유럽 인간생식 및 태생학회총회에서 흐로닝겐 대학교의 헤르트 홀스테허 교수가 발표한 내용을 들어보자.

"무슨 말인가 하면, 섹스의 육체적인 측면이 흥분 상태에 이르는 데 기여하는 역할은 여성보다 남성에게 훨씬 더 중요하다. 반면 여성에게는 분위기나 기분, 심리적 안정이 육체적인 것만큼 중요하다."

이는 때로 성욕 때문에 흥분하는 게 아니라 반대로 흥분해서 성욕이 생길 수 있다는 것으로, 이런 생각은 캐나다의 섹스 연구가이자 치료사인 로즈메리 베이슨의 연구결과로 뒷받침된다. 베이슨이 관찰한 바로는 오래 사귄 연인들은 보통 예전만큼 성적인 생각이나 환상을 많이 떠올리지 않는다.

커플 상담가 미셸 와이너 데이비스는 일치되지 않는 성적 충동을 주제로 한 자신의 저서 《섹스에 굶주린 결혼The Sex-Starved Marriage》에서 이렇게 쓰고 있다.

"자극적으로 만져주면 대체로 흥분 상태로 이어진다. 이런 흥분 상태는 강렬한 성욕을 유발하고 지속되게 해준다. 즉, 흥분이 성욕을 부른다."

섹스는 독이기도 하고 해독제이기도 하다. 커플이 섹스를 하지 않거나 원하는 형태의 섹스를 못하고 있다면 그들 사이에 침묵이나 화, 분노가 생겨 독이 되는 것이다. 반면 섹스를 하거나 원하는 섹스에 관한 대화가 때로는 해독제가 될 수 있다.

첫 발기에 반한 사랑

〈로미오와 줄리엣〉에서부터 〈타이타닉〉의 레오와 케이트에 이르기까지 우리는 첫눈에 반한 사랑이라는 낭만에 이끌린다. 하지만 첫눈에 반한 사랑이란 남성이 바라보는 방식이 아닐까? 여성보다는 남성이 이런 사랑을 경험할 확률이 더 높지 않을까?

나는 커플을 대상으로 다음과 같은 설문조사를 해보았다. "남은 생을 함께하고 싶다고 확실하게 느낀 것은 어느 시점부터였습니까?" 하고 질문했을 때 남성이 연인 관계의 처음부터 확실한 느낌을 받았다고 답한 확률이 훨씬 더 높았다. 반면 대부분의 여성은 그렇게 결심하기까지 시간이 필요했다고 말했다.

과학자들이 관찰한 바로는, 사랑에 빠지면 시각 정보처리와 관련된 뇌 영역이 여성보다는 남성이 더 많이 활성화되었다. 인류학자 헬렌 피셔의 주장에 따르면, 적절할 때 매혹적인 여성을 본 남성은 시각적인 매력을 낭만적 감정과 결부시키려고 한다. 이 얼마나 효과적인 구애 장치인가!

그렇다면 섹스에 대해 남성과 여성이 보는 방식이 다른 것인가? 또 시각 자극은 여성보다는 남성의 성적 흥분에서 훨씬 더 주요한 역할을 하는가?

미국 대형 제약회사인 파이저 사가 남성들에게 포르노를 보여주면서 비아그라 임상실험을 한 결과, 남성의 성적 흥분에 시각 자극이 가장 중요한 역할을 한다는 점이 명백히 밝혀졌다. 반면 여성 대상의 비슷한 임상실험에서는 포르노가 성욕에 불을 지피는 데 거의 도움이 되지 않았다.

이 사실이 의미하는 바가 남성은 시각적 동물이고 여성은 그렇지 않다고 결론 내릴 수 있을 만큼 단순한 것일까? 아니면 여성은 시각 자극 이상이 필요한 데 비해 남성은 대체로 그렇지 않다는 것일까? 어쩌면 여성 역시 사실은 남성만큼이나 시각 지향적이지만 대부분의 포르노가 남성 중심적이어서 그런 건 아닐까?

여성과 이야기를 나눠보면 대부분은 포르노가 흥분제는 될지언정 혼자서 보고 싶을 정도로 대단하지는 않다고 한다. 여성에게 섹스란 각별한 한 남자와 함께할 수 있는 행위 가운데 하나일 뿐이다.

포르노 선택에 여성의 역할이 점점 더 커지고 있다는 사실을 뒷받침하는 데이터도 있다. 하지만 100명이 이상의 남녀를 상대로 한 "호텔에서 혼자 포르노 영화를 보고 결제한 적 있습니까?"라는 설문조사 결과 (포르노가 제공되는 호텔에 혼자 숙박한 적이 없다는 사람을 제외하고) 남성들은 전부 그렇다고 답했다. 재미있는 점은 여성의 경우 아주 낮은 비율이 그렇다고 응답했는데, 흥분보다는 호기심이 더 크게 작용했다는 것이다.

물론 여성도 남성만큼이나 포르노에 관심이 있다고 아주

강경하게 주장하는 입장이 있는데 어쩌면 맞는 말일지도 모른다. 하지만 포르노는 주로 남성의 관심사를 중심으로 연출되고 그 결과 여성은 소외감을 느낄 수밖에 없다.

1980년대 성인 영화의 개척자 캔디다 로열은 여성을 위한 포르노를 제작하기 시작했다. 그녀는 팜므파탈 영화를 통해 목적했던 바를 다음과 같이 말했다.

"성인영화에 여성의 목소리를 불어넣고 남성의 삶에서 여성과 나눠 가질 수 있는 뭔가를 주려고 팜므라인을 만들었습니다. 내가 만든 팜므 영화를 '관능적인 음란물'이라든가, 어떤 관객의 묘사대로 '연인들을 위한 처방전'이라고 표현하길 좋아합니다. 묘사가 덜 생생한 점도 있고 대부분의 성인 영화에서 주요소가 되는 인습적인 의미의 '머니 샷money shot(포르노 영화에서 남자 주인공의 사정을 보여주는 장면)'은 부족하지만 줄거리도 있고 훌륭한 원곡 음악도, 모든 연령대를 아우르는 현실적인 캐릭터도 있습니다."

캔디다의 처방이 효과가 있는가? 주변의 냉담한 분위기에서 시험대에 올랐던 영화 〈도시의 열기Urban Heat〉의 한장면에 대해 그녀는 이렇게 이야기한다.

"이 장면은 무엇이 여성을 흥분시키는가에 관한 연구에 채택되었습니다. 엘렌 란 박사는 한 여성 집단에게 남성 위주의 포르노 영화 가운데에서 성행위가 아주 노골적인 장면을 보여주고…… '여성의 성애물'이라 여겨지는 〈도시의 열기〉의 한 장면을 보여주었습니다. 그들의 성적 반응을 관찰한 다음 그들에게 어떻게 느꼈는지 질문했습니다. 간단히 말하면, 여성들은 두 장면 모두에 신체적 반응을 보였지만 주관적인 생각에서는 두 영화 사이에 큰 차이를 보였습니다. 남성 위주의 포르노는 수치심을 불러일으키고 구역질나게 했다고 말한 반면, 〈도시의 열기〉는 좀더 호의적이고 긍정적인 느낌이 들었다고 말했습니다. 이 연구는 성생활에 관한 학술지에 발표되었고, 1995년 8월 13일자 〈뉴욕 타임스〉 '주간 리뷰' 섹션에 소개되었습니다."

캔디다 로열은 지금도 열심히 작업하고 있다. 그녀의 작업에 함께하면 여성을 위한, 여성에 의한 새로운 세대의 포르노 탄생에 동참하는 것이다.

여성이 포르노를 통해 남성만큼 시각적으로 자극을 받는지 아닌지, 또 여성 중심의 포르노가 남성 위주의 포르노만큼 판매될지는 아직 확실치 않다. 어쨌든 주목할 만한 가치 있는 시도로 판명되었으면 좋겠다.

여성들이여, 코를 따라라!

성적 끌림과 관련하여 여성보다 남성이 더 시각 지향적일 수는 있지만 후각은 여성이 훨씬 더 예민하다. 후각 자극이 성적 흥분에 기여하는 정도가 여성 쪽이 훨씬 더 강하다는 사실을 뒷받침하는 분명한 과학적 증거도 있다. 한마디로 코를 따라라. 코는 항상 알고 있다.

남녀를 대상으로 한 성에 관한 사고방식과 태도에 대한 설문조사에서 눈, 가슴 크기, 유머 감각, 패션 취향 등과 같은 다양한 성적 매력의 요소에 순위를 매겨보라고 했다. 압도적으로 많은 여성이 '그의 냄새'에 굉장히 높은 점수를 주어 자신감이나 키, 유머 감각, 잘생긴 얼굴과 함께 대체로 성적 매력 요소의 5위 안에 들었다. 그러나 거의 모든 남성은 여성의 냄새를 최하위로 꼽았다.

그렇다고 남성이 냄새를 느끼지 못해서 반응하지 않는다는 얘기는 아니다. 최근 스웨덴에서 진행한 한 연구는 성적 흥분에 영향을 끼치는 두 가지 냄새에 남성과 여성이 다르게 반응한다고 결론지었다. 두 냄새는 남성이 땀을 흘릴 때 생성되는 테스토스테론 유도체와 여성한테서 검출되는 에스트로겐 유도체다. 이 냄새는 상대방을 반응하게 만드는 화학물질인 페로몬으로 여겨진다.

〈뉴욕 타임스〉는 다음과 같이 썼다.

"에스트로겐 같은 합성물은 여성의 경우에는 냄새와 관련된 영역을 활성화했지만 남성의 경우엔 시상하부에 영향을 주었다. 시상하부는 성적 행동을 조절하고, 그 아래 있는 뇌하수체를 통제하여 신체의 호르몬 상태를 관리하는 통제센터다. 흥미롭게도 테스토스테론 유도체는 여성의 시상하부를 활성화했다. 하지만 남성의 경우 보통의 냄새를 관장하는 영역에만 영향을 주었다. 이 두 가지 화합물은 이중생활을 하는 것처럼 보이는데, 같은 성별 사이에서는 냄새로 작용하고 반대의 성별 사이에선 페로몬으로서의 역할을 한다."

만약 두 연인의 '냄새 지문'이 서로 잘 맞지 않으면 좋은 짝이 되기는 어려울 것이다. 사람들마다의 고유한 냄새는 실은 각자의 면역체계에서 유래한다.

격월간지 〈현대 심리학Psychology Today〉에는 다음과 같은 내용이 있다.

"주조직 적합성 복합체(MHC)라 불리는 DNA의 한 부분은 각자가 가진 고유한 냄새 생성에 관여한다. 면역은 부모 양쪽으로부터 유전되는데, 인류는 수많은 질병에 대한 저항성으로 보호되고 있으며 MHC 분석표가 자신의 것과 다른 사람과 짝을 맺게끔 되어 있다. 연구에 따르면 이런 이유로 우리는 자신과 다른 면역 시스템을 가진 사람의 냄새를 좋아한다고 한다."

스위스 베른 대학의 클라우스 베데킨트는 다른 면역체계를 가진 DNA가 성적 선호도를 결정한다는 가설을 실험해보았다. 연구에서 그는 여성에게 각각 다른 남성이 입었던 여러 가지 옷 냄새를 맡고 가장 섹시하게 느껴진 것 하나를 고르라고 했다. 여성들은 면역체계 분석표가 자신과 가장 다른 남성 군의

셔츠를 골랐다. 많은 여성이 호감 가는 옷은 지금 사귀고 있거나 헤어진 연인을 떠올리게 했다고 말함으로써 이 실험은 영향력 있는 발견으로 자리매김되었다.

흥미롭게도 면역체계 분석표가 유사한 남성의 옷은 여성에게 아버지나 남자 형제처럼 가족 중의 누군가를 연상시켰다. 베데킨트는 이렇게 정리했다.

"이 실험이 보여주는 것은 MHC에 좌우되는 체취 선호도는 현재 짝을 선택하는 데 중요한 역할을 한다는 점이다."

그 때문에 짝짓기에서 정반대 성향에 끌리는 것이 아닐까? 결론적으로 유전적으로 비슷하지 않은 파트너를 고르는 게 더 바람직하고, 그를 찾는 최선책은 냄새 나는 대로 따라가는 것이다. 여성의 체취가 배란기에 최고조로 강렬해지는 것도 당연한 일이다.

늘어나는 정력제 문제

"남자친구가 발기하는 데 문제가 있어요. 비아그라, 레비트라, 씨알리스의 차이가 뭐죠? 기본적으로는 똑같은데 이름만 다른가요, 아니면 기능이 다른가요? 광고를 많이 찾아보긴 했지만 그것들이 각각 뭐에 좋은지 알고 싶어요."

– 아만다, 32세, 사무관리자

이 약들은 전부 기본적으로 PDE-5 효소를 억제하여 페니스 동맥 안에 있는 근육을 이완, 확장시킨다. 그러면 피가 페니스로 좀더 쉽게 유입되어 발기할 수 있게 되는 것이다.

전 세계의 1억 5천만 명이나 되는 남성이 발기 장애를 겪고 있다는 추측을 고려해볼 때, 비아그라의 새 경쟁자들이 불쑥불쑥 나타나는 것도 당연한 일이다.

레비트라는 비아그라에 비해 효과는 더 빠르지만 아마도 부작용은 더 적을 것이다. 씨알리스는 36시간까지 효과가 있다. 그래서 알약을 입에 털어넣자마자 섹스하려고 급하게 서두를 필요가 없다.

새로운 발기성 흥분제들이 어떻게 비아그라와 어깨를 나란히 하게 되었는지는 최근에서야 의사들로부터 임상 데이터와 리포트를 받기 시작했다. 많은 남성이 새로운 약을 시험해보고 자신에게 맞는 약을 찾고 싶어 한다. 하지만 그런 실험은 의사의 관리 아래 이루어져야 한다. 이 약 중에 어떤 것도 부작용으로부터 자유롭지는 못하기 때문이다.

이 글을 쓰고 있는 지금 전 세계 3천만 명 이상의 남성이 이 약을 처방받고 있다. 대략 초당 6장의 처방전이 발행되면서 연간 판매실적이 거의 20억 달러에 육박한다. 발기 장애로 분투 중인 나이 든 남성들이 발기성 흥분제가 하느님이 보내준 선물임을 입증해 보이는 동안—〈뉴욕 타임스〉에서 언급한 것처럼—사실 제약산업은 고객층을 확대하려는 의도를 숨기려 하지 않았다. 그들은 발기 장애가 지금 급속히 확산되고 있으며 "점점 더 젊고 겉으로 보기에는 건강해 보이는 남성들로 발기부전이 퍼지고 있다"고 주장한다.

하지만 발기 장애가 정말로 급속히 확산되고 있다면 발기부전의 증가와 비만, 스트레스, 오래 앉아서 일하는 생활방식 증가 사이의 상관관계를 검토해봐야 하는 것 아닐까?

보스턴 대학 성의학 센터 어윈 골드스타인은 "발기 부전은 신체의 다른 어딘가가 제대로 기능하지 않는다는 초기 신호 중 하나일 수 있다"고 말한다. 그래서 어쩌면 축 늘어진 페니스는 과체중이나 스트레스로 심한 불안을 겪고 있는 사람들, 오래 앉아서 일하는 현대인을 상징하는 새로운 아이콘일 수도 있다. 그러므로 비아그라를 투여해 국부를 치료할 게 아니라 전체적인 차원에서 치료해야 하는 것이다.

어떤 남성에게 발기성 흥분제가 정말로 필요하든 아니든, 여러 비아그라 광고들은 제각각 '이상적인' 단단함이라든가 발기의 지속시간과 관련된 남성의 불안을 부당하게 이용해왔다. 바로 그런 불안이 주요하게 발기 부전을 유발한 것이다.

사람과 마찬가지로 발기도 압박을 받으면 잘 반응하지 못한다. 〈뉴욕 타임스〉 기자가 언급한 대로 많은 남성이 압박감을 상쇄하려고 비아그라를 먹는다. 성욕 과잉의 시대가 남자에게 흠잡을 데 없는 완벽한 섹스를 해야 한다는 압박감을 심어주기 때문이다.

"그 알약 때문에 느끼는 기분이 좋습니다. 그 약 때문에 힘이 생깁니다."

20대 청년들이 비아그라에 대해 이런 말을 하도록 부추기는 것은 확실히 마케팅 메시지의 영향력이다. 하지만 그 남성들이 여성 쾌락에 기여하는 신경섬유 말단의 대부분이 여성 외음부 표면에 있다는 걸 안다면, 또 여성이 오르가슴을 느끼는 데는 무엇이든 어떤 삽입도 필요치 않다는 걸 안다면, 그래도 여전히 파워풀하다고 느낄까? 발기하지 않거나 발기를 도와줄 비아그라가 없다면 남성은 성적인 면에서의 남성미는 못 느껴도 어쩌면 더욱 만족스러운 섹스 파트너로 판명될지도 모른다.

〈뉴욕 타임스〉가 이런 발기의 전성시대에 관해 언급했듯이, 주요 제약회사들은 어린 청년을 상대로 발기 부전을 삶의 수준을 좌우하는 문제로 정의하는 마케팅 광고에 수백만 달러를 쏟아부었다. 발기성 흥분제 제조사의 반응은 기본적으로 이렇다.

"그게 뭐가 문제인가?"

이는 분명히 그 약으로 발기한 남성을 받아들일 수밖에 없는 처지의 3천만 여성에게 던지는 질문은 아니다. 미디어는 발기성 흥분제에 대한 여성의 관점에 대해서, 또 그 약이 '섹스에 대한 기대'를 바꿔놓고 여성의 만족을 후차적인 것으로 강등시키면서 여자의 성생활을 어떻게 개조하고 있는지에 대해서는 전혀 언급하지 않는다. 새로 발견된 남편의 능력에 도취해 즐겁고 만족스러워하는 아내를 묘사하는 제약회사의 광고들이 곧이곧대로 받아들여지면서 사실인 양 자리잡았다.

발기 부전을 약으로 치료하기 이전에는 연인들이 친밀감을 쌓아가는 노력과 성욕을 자극하는 창의성, 그리고 대화를 통해 이 문제를 해결해갔다. 연인에게는 대화와 전희, 성적인 환상, 손과 입을 이용한 자극과 같이 성욕을 증진시키는 활동들에 좀 더 시간을 보낼 것을 장려했다. 또한 남성에게는 사랑을 나눌 때 페니스보다 더 많은 것을 사용하라고 권고했다. 역설적이게도 이런 활동들은 늘 일관되게 발기로 이어지진 않았어도 더 깊은 친밀감, 더 견고한 관계, 더 커진 욕구, 그리고 더 많은 여성 오르가슴의 원인이 되었다.

비아그라 이전에는 남성은 발기 부전과 관련해 전인적인 치료를 할 확률이 훨씬 더 높았다. 하지만 지금은 작은 푸른색 알약이 문제를 해결한다. 순전히 심리적인 방법이지만 결과적으로는 많은 경우 심리적인 요소들을 해친다. 이 약은 우리 문화가 성적으로는 근시안이 되고, 사랑의 관심이 지속되는 시간이 짧아지는 현상(다른 말로 내가 SADD[성적 주의력결핍장애]라 부르는 현상)을 일으키는 치명적인 요인이 되었다.

캐나다 〈가족주치의 저널Journal of Canadian Family Physicians〉 최근호에 따르면, "개개인과 커플의 심리적 요소들이 중요한 원인이 된다. 의학적 치료를 개인 또는 커플의 섹스 치료와 병행하면 약만 처방하는 것보다 도움이 되는 경우가 많다"고 한다.

그렇다 해도 의사가 섹스 치료 프로그램을 발기성 흥분제 처방전과 함께 권장하는 것은 사실상 들어본 적이 없다. 이 약의 처방이 흔한 일이 되면서 상황에 대한 대화는 의사와 환자 사이에서도, 오래 사귄 연인관계에서도 훨씬 줄어들었다. 성적인 문제와 갈등에 관해 대화를 나누는 인간적이면서도 까다로운 과정 대신 우리는 알약으로 상징되는 문화적 편법에, 그리고 널리 퍼져 있는 약의 브랜드에 의존한다.

비아그라를 비롯한 유사 제품들은 그와 같은 오랜 악습을 강화하고 식상해진 나쁜 섹스를 되살려낸다. 이런 섹스에서는 페니스가 중요한 상징물로 자리잡는다.

비아그라를 성생활에 끌어들인 것에 대해 한 여성은 내게 이렇게 말했다.

"그는 페니스를 자기가 한 번도 뛰어본 적 없는 경기의 우승 트로피처럼 대해요. 내가 그 경기에 참가해서 치어리더처럼 행동하지 않으면 부끄럽게 느껴야 마땅한 것처럼 말이에요."

비아그라를 사용하든 안 하든 많은 여성이 체념한 채 오르가슴도 없는 관계를 유지하면서 상처받기 쉬운 남성의 자존심을 달래주고, 이미 성가시고 못마땅해진 섹스 행위를 길게 끌지 않으려고 흥분을 가짜로 연기하는 것이 다반사가 되었다. 대부분의 사람들이 삽입 성교를 오르가슴을 느끼는 '올바른' 방법으로 배웠던 탓에 많은 여성이 절정 없는 섹스를 쉽사리 자기 탓으로 돌린다.

성생활의 전체적인 그림이 아니라 생리적인 것에만 초점을 맞춰본다면, 비아그라는 여성을 남근 중심의 규범에 계속 얽매이게 만든다. 알약을 먹고 불끈 솟아오른 페니스로 여성을 만족시키지 못할 때도 여성은 이제 넌더리가 난다거나 부당하다고 느끼는 대신 자신이 매력이 없다거나 잘 따라주지 못한다는 식으로 자신에게 책임을 돌리며 오히려 죄책감을 느낀다.

당신의 남자가 발기성 흥분제를 복용하고 있거나 앞으로도 계속 그럴 생각이라면, 또는 남자의 지갑에서 우연히 푸른색 알약을 발견했다면 이것을 대화의 길을 여는 기회로 삼을 것을 강력히 권한다. 나이와 상관없이 남성이 흥분제를 먹는 중요한 이유는 당신을 만족시키고 싶기 때문임을 잊지 마라. 하지만 이미 살펴본 것처럼 섹스는 단지 발기가 전부가 아니라는 점을 그가 알아야 한다. 또 패셔니스타인 당신은 그에게 발기성 흥분제에 의존하는 대신 다른 방법을 알려주어야 한다.

고조기에 오랫동안 머물러라

남성이 흥분 상태를 지나면 고조기로 접어드는데 이 국면은 대략 30초~2분 정도 지속된다. 전립선과 고환이 부풀어오르고 골반저 근육은 팽팽하면서 단단히 조여드는데, 경우에 따라서는 페니스에서 투명한 액체 방울이 나오기도 한다. 사정을 피하기 힘든 지점으로 빠르게 다가가는 중이다. 이 지점에 도달하면 더 이상 자극을 주지 않아도 남성은 곧 사정한다.

반면 여성에게는 이런 일이 일어나지 않는다. 여성은 절정 직전이라 해도 자극에 갑자기 변화가 오면 오르가슴을 놓칠 수 있다. 많은 사람들이 성적 반응의 과정에 존재하는 남녀의 이런 중요한 차이를 근본적으로 잘못 알고 있다.

다른 한편 남성이 돌이킬 수 없는 문턱을 건넜다는 사실을 여성이 눈치채지 못할 때가 많다. 자극을 바꾸거나 완전히 멈추어도 남성은 사정을 한다. 여성은 절정 바로 직전이나 막 진입한 바로 그 시점에도 성적 반응 과정이 중단될 수 있다. 그런데도 남성은 여성이 오르가슴을 피할 수 없는 지점에 이르렀다고 판단, 서로의 오르가슴을 향해 전속력으로 돌진하기 위해 결정적인 순간의 클리토리스 자극을 멈추는 경우가 흔하다.

남녀 모두 고조기는 강렬한 흥분 단계다. 몸과 마음이 완전히 함락되기 직전이다. 하지만 완전히 빠져들 만큼 충분한 단계가 아닐 수 있다. 남성은 보통 사정으로 곧장 돌진하지만 여성은 임박한 오르가슴을 살짝 맛만 볼 뿐 오르가슴이 갑자기 중단 또는 지연되는 경우가 많다.

열정적인 섹스를 위해 필요한 한 가지는 남성의 고조기를 알아차리고 가능한 한 오랫동안 그 단계에 머물도록 하는 것이다. 그리고 남성을 오르가슴에 도달하기 바로 전까지 데려갔다가 다시 돌려세우는 것이다.

"최근에 남자친구가 섹스할 때마다 마지막에는 몸을 빼내 혼자 자위를 하며 끝내버려요. 이게 정상인가요? 어떻게 해야 하죠?"

– 미셸, 29세

모든 남성은 섹스 중에 사정을 피할 수 없는 지점을 만나는데 그때는 더 이상 자극을 주지 않아도 오르가슴을 느낀다. 그리고 이 지점에 이르기 위한 자극의 양은 남성마다 다르다. 어떤 남성은 거의 필요로 하지 않고, 어떤 남성은 많은 자극을 상당히 오랫동안 지속해야 한다. 그리고 나이가 들면 대체로 더 많은 자극이 필요하다(당신과 남자친구 사이에 나이 차가 좀 있는가?).

또 콘돔 사용이나 스트레스, 알코올 섭취나 약물치료 같은 것도 남성의 흥분 과정이 이어지는 데 심각한 영향을 줄 수 있다. 특히 사정을 피할 수 없는 지점을 밀고 나아가는 능력에 더 많은 해를 끼치는데, 이 능력은 육상경기의 마지막 한 바퀴에서처럼 에너지와 집중력을 마지막으로 끌어올리는 것이다.

몸을 빼 자위를 한다면 실은 그가 고비를 넘어서려고 애를 쓰고 있는 것이다. 다음에 그가 또 몸을 빼면 당신 손으로 페니스에 자극을 줘서 '그가 끝낼 수 있게' 도와줘라. 그러면 그의 오르가슴에 당신이 연결되어 있다는 기분이 많이 들 것이다. 또한 다음 섹스 전에 케겔 운동(PC근육을 조이고 푸는 운동)을 연습해뒀다가 섹스 중에 남자가 오르가슴에 가까워졌을 때 근육을 조여라. 그러면 그의 페니스에 더 큰 자극을 줄 수 있다.

가끔은 약간 색다르고 신선한 감각을 자극하는 것도 비결임을 잊지 마라. 섹스가 판에 박힌 일상이 되어버리면 남자는 오르가슴을 느끼기가 더 힘들어진다. 그가 오르가슴의 경계를 넘게 하기 위해서 때로는 그의 귀에 대고 외설스러운 말을 속삭이는 것도 나쁘지 않다.

정액에 대해 알고 싶지만 묻기 힘든 열 가지

1. 한 번 사정할 때의 평균량: 대략 1티스푼
2. 주요 성분: 프록토오스(과당)
3. 열량: 약 5칼로리
4. 단백질: 6mmg
5. 지방: 없음
6. 배출 속도: 시간당 40킬로미터
7. 평균 지속시간: 4~8초
8. 남자가 평생 만들어내는 정액의 평균량: 53리터
9. 뿜어내는 횟수: 4~8회
10. 포르노 역사상 가장 긴 사정거리: 70센티미터

* 조셉 코헨의 〈페니스 북The Penis Book〉에서 일부분 인용

남성의 오르가슴

간단히 말하면 남성의 오르가슴은 몹시 기분 좋은 수축이 이어지면서 페니스가 정액을 방출할 때 도달하는 성적 절정이

다. 수축이 더욱 강하고 더 많을수록 오르가슴은 더욱 길어지고 느낌도 더 좋다. 이것은 남녀 모두에게 해당된다.

남성의 오르가슴은 어떤 느낌일까? 남성들이 오르가슴을 어떻게 묘사했는지 한번 들어보자.

"터져나오는 것."

"맥박이 뛰고 심장이 고동치는 것."

"강렬함, 떨림."

"페니스에 집중되어 있지만 온몸으로 퍼져나간다."

"폭발이 일어난 후 몸이 얼얼해진다."

많은 연구를 통해 남성과 여성의 오르가슴은 차이보다는 유사점이 더 많다는 것이 밝혀졌다. 한 조사에서 남녀에게 오르가슴 체험을 묘사하라고 한 뒤 설문지에 기록된 구체적인 신체 부위와 성별에 대한 언급은 지웠다. 그리고 다양한 분야의 의사들과 생리학자들에게 건네주고는 남녀의 설문지를 가려보라고 했다. 결과는 어땠을까? 훈련된 전문가들조차 이 서술에서 남녀 차이를 구별하지 못했다.

행복을 부르는 액체

'콘돔을 사용하지 않는 사랑'과 관련된 몇몇 연구들을 보면,

정액에는 여성의 우울한 기분을 완화시키는 데 도움이 되는 베타엔도르핀이 함유되어 있다고 주장했다.

조나단 마골리스는 자신의 책《오르가슴의 은밀한 역사The Intimate History of the Orgasm》에서 뉴욕주립 대학 고든 갤럽 박사의 논쟁 여지가 있는 연구를 인용하고 있는데, 갤럽 박사는 설문지 응답을 근거로 콘돔을 사용한 여성보다 콘돔 없이 섹스한 여성이 더 행복하다는 점을 수치화할 수 있다고 주장했다.

다른 조사결과들에 따르면, 콘돔을 사용하지 않던 여성이 상대 남성과 헤어지고 나면 더 우울해한다고 한다. 그리고 콘돔을 사용하면 불안해하거나 짜증이 나고, 심지어 자살 시도도 증가한다고 한다. 또한 콘돔을 사용한 여성은 그렇지 않은 여성에 비해 새로운 사람과의 성관계에 더 오랜 시간이 걸린다고 한다.

갤럽 박사는 일부 여성들은 화학적으로 정액의 도움에 기대고 있다고 결론 내렸다. 다시 말하지만 이 책의 내용은 논쟁의 여지가 많다. 그러나 정액이 미국 농무성이 권장하는 비타민 C 일일섭취량의 60퍼센트를 함유하고 있다는 점을 고려하면 정액 캡슐이 최신 영양보조제가 되는 것은 시간문제일지도 모른다.

솔직한 게 더 섹시하다

정서적 건강에 미치는 이로움과는 무관하게, 오직 한 사람과 성관계를 갖는 것이 아니라면, 또 상대가 성병이 없다는 사실을 확인하지 않았다면 파트너와 콘돔 없이 하는 섹스는 삼가야 한다.

아마도 완벽히 안전한 섹스 같은 것은 없겠지만 더 안전한 섹스를 위해 조치를 취할 수 있고, 또 그래야 함은 두말할 필요가 없을 것이다. 콘돔을 사용하고, 안전에 신중을 기한다면 성병에 감염되거나 퍼뜨리는 위험을 크게 감소시킬 수 있다.

미국에서만 매년 대략 1,900만 건의 성병 발병 사례가 보고되고 있다. 그리고 이 숫자에는 병을 보고하지 않은 사람과 증상이 없는 특징 때문에 성병에 걸린 줄 모르는 많은 사람들은 포함되지 않았다. 게다가 성병 발생률도 증가추세를 보이고 있다. 미국인의 20퍼센트가 음부포진을 안고 살고 있으며 여성의 50퍼센트 이상이 HPV(인유두종 바이러스)에 감염될 것으로 추정하고 있다. HPV는 자궁경부암이나 불임으로 이어지는 경우가 많다. 수백만 명의 여성이 클라미디아에 시달리고 있는데, 이 성병은 골반내 염증질환(PID)과 불임의 원인이 된다. 미국인 100만 명 이상이 에이즈 환자이며 또 다른 100만 명은 HIV 양성반응을 보이고 있다는 점을 알아야 한다.

성병이 병변이나 비정상적인 분비물, 그리고 다른 증상들의 원인이 되는 경우가 잦기는 해도 실제 겉으로 드러나는 증상이 전혀 없이 '조용한' 경우가 더 많고 오로지 혈액검사로만 발견할 수 있다. 예를 들면 음부포진과 관련된 바이러스성 감염이 쓰라림 증상도 없이 일어날 수 있다. 요약하면 자신 혹은 파트너가 성병에 감염되었는지 여부를 우리 대부분은 전혀 모른다는 것이다.

세상 물정에 밝은 패셔니스타여, 조심하라! 최근 연구에 따르면 이성애자 여성이 이성애자 남성보다 성병에 감염될 위험이 더욱 높다고 한다. 일례로, 파트너에게 음부포진을 전염시킬 가능성을 보면 감염 여성이 남성에게 옮기는 경우는 대략 10퍼센트인데, 남성이 여성에게 옮기는 경우는 20퍼센트이다. 공평하지 않아 보여도 엄연한 사실이다.

여러 연구들에서 성병을 옮길 가능성은 남성이 더 높고, 여성은 성적 병력을 물어보는 경향이 높은 것으로 나타났다. 케이블 뉴스 방송사 MSNBC와 여론조사 기관인 조그비가 실시한 최근 설문조사에 따르면, 응답 여성의 48퍼센트가 성병 상태를 수시로 점검해야 한다고 주장한 반면 남성은 33퍼센트에 머물렀다.

이런 사실에 비추어봤을 때 질병에 걸릴 위험이 높은 여성이 이 주제를 화제에 올려 파트너의 성병 상태를 아는 것은 매우 중요하다. 똑똑하고 많이 배웠음에도 성병이라는 화제를 먼저 꺼내는 것이 얼마나 꺼려지고 어려운지를 호소하는 여성들이 많다. 그렇게 해서 매력 없다는 딱지가 붙거나 거절당하는 빌미를 스스로 만들까 봐 걱정하는 것이다. 내게 이렇게 털어놓은 여성도 있었다.

"분위기가 한껏 달아올랐는데 성병 이야기를 꺼내는 건 전혀 섹시하지 않은 행동이죠. 완전히 김새는 일이에요."

덧붙여 콘돔을 써야 한다고 우기면 남자의 관심이 시들해지거나 성적 만족도가 떨어질 것을 걱정하는 여성도 많다. 그렇지만 자신의 안전을 신경 쓰는 일을 꺼리거나 매력적이지 않은, 또는 덜 중요한 것으로 여겨서는 절대 안 된다. 안심이 되어야 당신이 파트너를 믿고 긴장을 풀게 된다. 그래야만 거리낌 없이 서로를 탐색하고 만족시킬 수 있기 때문이다. 남성이 콘돔을 사용하면서 당신의 안전이나 안심, 성적인 만족을 충분히 배려하지 않는다면 그는 현명하지도 좋은 파트너도 못 된다.

내 경험에 따르면, 성적 파트너인 남성과 안전 문제를 얘기할 만큼 충분히 편하지 않다면 일단 그와의 섹스는 미룰 필요가 있다. 기분 좋은 섹스를 하려면 서로에게 정직하고 솔직히 대화할 수 있어야 한다. 기본적인 신뢰와 상호 이해가 부족하면 어떻게 해도 그다지 만족스럽지 못한 섹스가 될 것이다.

섹스에 대해 많이 알아간다는 것이 정보를 꼭 양적으로만 늘리는 것이 아니다. 생각을 행동으로 옮길 수 있는 용기도 가져야 한다. 무엇을 원하고 무엇이 필요한지 말할 수 있을 정도로 자신을 신뢰하는 것이다. 이렇게 하면 언제든 섹시하게 보일 것이다.

"남자친구가 지금껏 오르가슴을 연기해온 것 같아요. 이게 가능한가요?"

– 엘리자, 33세, 호텔 파티 플래너

확실히 가능하다. 특히 점점 더 많은 남성들이 졸로프트Zoloft, 팍실Paxil, 프로작Prozac 같은 선택적 세로토닌 재흡수 억제제(SSRI)를 복용하기 때문에 더욱 그렇다. SSRI는 세로토닌 수치를 높임으로써 침착하고 차분한 상태가 되어서 성욕이 억제되고 사정을 지연시키는 부작용이 나타난다. 그래서 남자친구가 SSRI를 복용하고 있다면 오르가슴을 느끼는 것처럼 연기할 가능성이 농후하다.

스트레스가 쌓였거나, 특히 콘돔을 사용할 경우 감각을 둔화시켜 역시나 오르가슴을 연기할 가능성이 있다. 남성은 서먹하다고 느끼지만 당신의 기분을 상하게 하고 싶지 않아서 그럴 수도 있다. 칼럼니스트 에이미 손은 오르가슴을 연기하는 한 남성을 인터뷰한 후 이렇게 썼다.

자신을 주인공으로 삼아 영화 〈끝없는 사랑Endless love〉을 개인 버전으로 리메이크하고 있는 남성들에게 이 남자가 하는 조언을 들어보자. "아랫도리를 앞뒤로 부지런히 움직이다가 등을 뒤로 젖히면서 '아' 하고 탄성을 지르고는 부르르 떨면 됩니다." 여자가 왜 사정하지 않냐고 의구심을 품으면? "이렇게 말하면 되죠. '항상 그렇게 많이 나오는 건 아냐.' 그래도 계속 캐묻는다면 이렇게 말해야죠. '당신 오르가슴은 어디 갔는데?'"

남성의 다중 오르가슴

세 종류의 발기와 더불어 네 종류의 오르가슴이 있다고 일부 전문가들이 주장한다면 놀라운 일일까? 섹스 치료사이면서 이전에 섹스 대행인sex surrogate(섹스 치료를 위해 환자, 상담자, 대행인으로 구성되는 팀의 한 구성원. 교육을 담당하고 필요할 경우 환자와 성관계를 가진다. 치료사는 아니다 – 옮긴이)이었던 바버라 키슬링은 남성이 다음과 같은 오르가슴을 경험할 수 있다고 주장한다.

1. 사정하지 않는 오르가슴(사정하지 않고 PC근육이나 케겔을 이용하여 오르가슴 수축을 경험하는 것).

2. 다중 사정. 여러 번으로 나누어 사정하는 것.

3. 여진 오르가슴aftershock orgasm. 한 번의 강렬한 오르가슴에 이어서 강도가 덜한 수축으로 느끼는 오르가슴.

4. 역행성 사정 또는 체내 사정. 정액이 요도를 통해 체외로 방출되지 않고 방광 안으로 사정된다(체내 사정은 탄트라 섹스 가이드에 종종 가장 중요한 것으로 언급된다. 반면 대부분의 섹스 치료사는 이것을 가끔 일어나는 비교적 무해한 경험이라 여긴다).

남성의 다중 오르가슴이 신체의 흥분 상태에서 쾌감을 최대한 끌어내게 하는 훌륭한 전략이지만 생리학적으로 진짜 근거가 있는 여성의 다중 오르가슴과는 구분된다. 남성의 다중 오르가슴은 최초 2~3회의 오르가슴 수축의 쾌감을 완전히 사정하지 않은 채로 경험하는 하나의 기법이다. 이로써 오르가슴을 사정과 구별하는 것이 가능해진다. 이와는 달리 여성의 다중 오르가슴은 진짜배기다.

나탈리 엔지어Natalie Angier가 쓴 책《여성: 내밀한 지리학Woman: An Intimate Geography》의 한 내용을 살펴보자.

"클리토리스에는 정맥얼기venous plexus가 없다. 남성에게 있는 촘촘하게 짜인 이 정맥뭉치는 중요한 도관 역할을 하는데, 이를 통해 페니스에서 혈액이 빠져나간다. 흥분해 있는 동안 페니스 몸체 근육은 일시적으로 정맥얼기를 강하게 압박한다. 그 결과 혈액이 흘러들어가기는 해도 빠져나가지는 못한다. 그러면 보라, 페니스가 우뚝 솟구치게 된다. 그러나 클리토리스는 압축을 받는 별개의 혈관망이 없는 듯하다. 오히려 이곳에 자리한 혈관은 더욱 넓게 퍼져 있다. 성적으로 흥분하면 클리토리스 안으로 흐르는 동맥 혈류는 증가하고 밖으로 흐르는 정맥 혈류 역시 흐름을 방해받지 않는다. 그래서 클리토리스는 단단한 작은 기둥이 되지 않는 것이다. 왜 그런 것일까? 동굴을 탐험하거나 삽입해 들어갈 이유가 없기 때문이다. 그리고 클리토리스의 혈액 흐름에는 상대적으로 유연한 특성이 있는데, 이 때문에 클리토리스가 쉽고 빠르게 부풀어올랐다 가라앉는지도 모른다. 그래서 여성에게 내려진 축복받은 선물인 다중 오르가슴이 가능하다."

오르가슴 후 화학변화

캐나다 콩코르디아 대학교의 심리학자 짐 파우스가 〈이코노미스트〉 지에 다음과 같은 글을 기고한 바 있다.

"한바탕 질펀한 섹스를 하고 나면 아편 흡입 후 유발된 상태와 비슷해진다. 화학변화가 활발히 일어나면서 세로토닌, 옥시토신, 바소프레신, 내인성 오피오이드endogenous opioids(신체가 만들어내는 천연물질로 헤로인과 성분이 같다)의 수치가 증가한다.

이런 물질들은 여러 가지 작용을 하는데, 신체를 이완시키고, 쾌감과 포만감을 유발하며, 지금 막 체험한 그런 경험들의 특징에 유대감을 형성하게 만드는 것 같다."

다시 말해서 섹스는 단지 사랑의 한 단면이 아니다. 섹스는 사랑을 낳고 나아가 사랑을 키우고 굳게 하는 필수 비결이다.

섹스 후 간극 메우기

안아주는가 아닌가 그것이 문제다. 섹스가 끝난 뒤 껴안아 주기는커녕 바로 돌아누워 코를 골기 시작하는 남성에 대한 여성들의 불평을 자주 듣는다.

> "섹스를 하고 나면 난 거의 죽은 거나 마찬가집니다. 전투에서 부상당한 거죠. 체력을 회복해야 합니다. 그러니 잠도 자면서 회복할 시간이 필요하죠. 그녀는 바싹 달라붙어 포옹한 채 있고 싶어 한다는 걸 알지만 그땐 줄 만한 것이 아무것도 남아 있지 않아요."
>
> -남성

> "섹스가 끝나면 몸은 얼얼하지만 정신은 맑아집니다. 긴장이 풀리고 만족스런 기분이 들면서도 모든 감각은 아직 생기로 가득 차 있습니다. 그 사람만 돌아눕지 않는다면

분명히 계속할 수도 있을 겁니다. 아직도 흥분해 있고 오르가슴 한 번으로는 충분치 않을 때도 가끔 있거든요."

–여성

등 돌리고 코를 고는 당신의 남자를 혼쭐내기 전에 여성은 아직도 반쯤 흥분 상태인데 남성은 녹초가 되어버리는 생물학적 원인을 알 필요가 있다. 남성은 사정을 하려면 강한 성적 긴장 상태로 들어가야 하고, 이것이 오르가슴을 만들어낸다. 이때는 아주 많은 양의 혈액이 생식기로 유입되고 사정 후에는 다시 아주 많은 양의 혈액이 빠져나간다. 이 과정에서 신체는 기력을 완전히 소진하면서 프로락틴 수치가 급등해 그 결과 졸음이 쏟아진다. 여성은 사정하지 않기 때문에 생식기의 혈액 순환도 좀더 오랜 시간이 걸린다. 즉 유입되고 배출되는 속도가 완만하다. 따라서 여성의 흥분 상태는 더 오래 유지되고, 그 결과 다중 오르가슴도 가능한 것이다. 그러니 파트너가 등을 돌리고 코를 골더라도 좀 봐주어야 한다. 물론 그가 재교육은 받을 필요가 있다(최소한 당신을 품에 안고 잠든다면 봐줄 만하다). 어쨌든 그의 마음은 여전히 당신과 함께하고 있을 것이다.

계속 남성을 탐구해가는 마당에 조셉 코헨의 재기 넘치는 책《페니스 북》에서 한수 배우고 가자.

"성서 속 우리 선조들은 서약할 때 최고의 성실과 정직을

맹세하려고 손을 증인의 고환(testicles)에 갖다댔다. '〈증언하다(testify)〉'와 '〈증거(testament)〉' 같은 단어는 모두 이런 독특한 연관성에서 유래한 것이다."

선조들의 이런 전통에 입각하여, 다음 기회에는 남자의 지퍼를 내리고 손을 집어 넣은 다음 패셔니스타로서 서약하자. 그를 감싼 보호막을 다 걷어낸 다음 이런 새로운 이해를 바탕으로 그의 몸과 마음에 접근하겠노라고.

가장 큰 성기는 '뇌'이다

시인 W. H. 오든이 말하길 성적 갈망을 가리켜 '참을 수 없는 신경중추의 가려움'이라 했다. 틀린 말이 아닌 것이, 우리가 실제로 갈망하는 대부분이 뇌에서 생겨나지 가랑이 사이에서 생기는 건 아니기 때문이다.

"아내와 처음 만났을 때는 섹스가 아주 화끈하고 흥분으로 가득차서 우린 서로 손조차 뗄 수 없었어요. 지금은 꼭 그렇진 않아요. 이런 말 하긴 싫지만 섹스가 재미없어진 지 좀 됐어요."

– 잭, 32세, 국제선 조종사

잭의 말이 맞다. 우리는 그렇게 말하기 싫다. 그리고 그런 말을 듣는 건 더욱 싫다. 섹스에 관한 한 '지루하다'는 말로 느닷없이 뒤통수 맞는 것만큼 더 치명적인 것도 없다.

지루함은 성적으로 죽음에 입맞춤하는 것과 다름없다. 차라리 괴짜나 변태 같다, 너무 급하다, 서툴다 같은 말을 듣는 게 훨씬 더 낫다. 아니면 이기적이다, 예민하다, 까다롭다, 건성건성 한다, 신경질적이다, 고지식하다, 냉담하다 등 뭐든 괜찮다. 지루하다는 말만 아니면 된다.

하지만 섹스가 지루해졌다, 무관심해졌다는 두 가지 말은 커플들이 가장 많이 하는 공통적인 불평이다. 놀랍게도 연애한 지 얼마 안 된 젊은 사람들이 특히 더 그렇다. 순간의 만족이나 빠른 해결을 강조하는 사회에 살다 보니 결혼 후 7년 만에 찾아온다는 권태기가 훨씬 더 일찍 찾아와 사람들을 근질근질하게 만든다. 도움 받을 수 있는 지침이나 멀리 내다볼 수 있는 시야가 없다면 우리 모두는 배에서 뛰어내리거나 아니면 연애 관계에 근본적인 결함이 있다고 성급하게 결론 내릴 가능성이 크다.

그런데 관계 속에 서서히 뿌리내리는 성적 지루함에는 생물학적 근거가 있다면 뭐라고 하겠는가? 역설적이지만 자연은 스스로가 욕망의 불꽃을 지핀 다음 거기에 다시 찬물을 끼얹는다. 그 결과 우리에겐 타고 난 작은 불씨만 남는데, 불감증의

한파 속으로 영원히 빠져들지 않으려면 그 불씨를 다시 살려내야만 한다. 어떻게 해야 할까?

스릴 탐구가 vs 친숙함 애호가

이 책을 쓰기 위해 인터뷰를 하고 다니는 동안 행복한 결혼생활을 하는 스물다섯 커플에게 다음과 같이 물었다.

"처벌이나 피해를 보지 않는다는 보장이 있다면, 다른 사람과 하룻밤 섹스를 하는 부정을 저지를 의향이 있는가?"

분명 과학적인 여론조사는 아니었지만 설문 응답자 25명의 남성 가운데 17명이 그렇게 할 의향이 있다고 응답했다. 반면 여성은 단지 2명만이 그렇다고 답했다. 그렇다면, 현재 행복한 관계를 유지하고 있는 남성이 무엇 때문에 하룻밤 섹스에 무임승차하려고 하는 걸까?

머리말에서 남성에게 지금까지 경험한 최고의 섹스에 대해 물었던 이야기를 기억하는가? 대부분은 오랜 기간 사귀어온 현재의 파트너와 했던 섹스라고 대답했다. 하지만 대개는 둘 사이에 불꽃 튀던 연애 초기에만 그랬다고 말했다.

그때 섹스가 그렇게 굉장했던 이유가 무엇이었는지 묻자 대부분이 아무 말도 못했다. 물론 여자가 침대에서 열정적이었거나 아니면 그의 페니스로 무엇을 해야 하는지 훤히 알고 있어서였을지도 모른다. 하지만 그것만으로는 섹스가 그토록 굉장해지진 않는다. 그 시기의 섹스가 기억에 남는 건 그때 상대방에게 느꼈던 흥분 때문이며, 그런 기억은 단 한 차례의 경험에 그치는 게 아니라 사랑의 열병에 빠져 있던 연애 초기 전체로 확대된다.

이 남성들에게 다시 "지금도 섹스가 그렇게 좋은가요?" 하고 물었다. 대부분의 대답이 "네, 그렇긴 한데……"였다. 그렇다. 여전히 섹스를 즐기고는 있지만(평균 일주일에 한두 차례) 예전만큼 흥분되는 것은 아니었다. 어떤 경우에는 섹스가 더 다정하고 친밀한 것이 되었지만 많은 경우 완전히 지루한 것이 되어버렸다. 사실상 설문에 응한 남성 모두 섹스가 연애 초기만큼 뜨겁거나 열정적이지는 않다고 대답했다.

뜨겁고 열정적이라는 말이 너무 자주 언급된 듯했지만 다시 뜨겁고 열정적인 섹스를 짧게 표현해보라고 했다.

"예측할 수 없이 충동적이며 새롭고 설렌다."
"심장이 터질 것 같은, 스카이다이빙하는 느낌."
"땀투성이로 아슬아슬하게 밤을 홀딱 새는 것."
"한밤중에 헤드라이트도 켜지 않은 채 운전하는 느낌."
"통제가 안 되고 멈출 수도 없는 완전히 원초적인 것."
"아드레날린 주사를 한 방 맞는 것."

그러고 나서 요즘 하고 있는 섹스를 짧게 표현해보라고 했다.

"부드럽고 다정다감하다."

"애정이 가득하고 기분 좋다."

"안정감 있고 마음 편하다. 위안도 되고."

"변함없이 예측 가능하지만 만족스럽다."

"지루하고 하기 싫은 일. 늘 똑같다."

이 남성들에게 연애기간과 무엇이 달라졌는지, 왜 섹스가 이전만큼 뜨겁고 열정적이지 않은지 묻자 대부분은 어떤 답도 하지 못했다. 그냥 아무것도 변한 것이 없다고 했다. 어쩌면 그것이 문제였는지도 모른다.

섹스는 기계적이고 생리적인 과정의 일부로 축소되고, 정서와 심리 차원이 사라지고 시작-중간-끝으로 직선을 이루는 뻔하고 예측 가능한 행위로 변해버렸다. 어떤 남성이 다음과 같이 정확하게 요점을 정리했다.

"섹스는 한때 노란 블록이 깔린 길로 여행하는 것처럼 설레고 예측할 수 없는, 감각과 감정이 총천연색으로 폭발하는 일이었지만 지금은 그 여행이 이전만큼 재미있지는 않다. 이미 집에 와 있는데 수고스럽게 구두 뒷굽을 부딪힐 이유가 있겠는가?(《오즈의 마법사》에서 도로시가 노란 블록길을 통해 에메랄드 시티로 갔다가 여행을 끝내고 집으로 돌아가기 위해 북쪽 마녀가 일러준 대로 뒷굽을 세 번 부딪히고 주문을 외운다 - 옮긴이)"

이제 막 만났거나 연애 초기단계인 커플에게 섹스가 재미없다는 소리는 거의 듣지 못한다(몇 년째 사귀고 있는 커플도 많이 만나봤는데 그들이 털어놓기를, 연애하는 동안 특정한 문제가 항상 있었지만 저절로 해결될 거라 믿으면서 신경 쓰지 않았다고 한다). 때로 커플 스스로 과거를 돌아볼 때 섹스가 정말 그렇게 뜨겁기는 했는지 확신조차 하지 못했다. 사랑에 빠졌던 그때는 모든 것이 그렇게 좋았지만 말이다.

격월간지 〈현대 심리학Psychology Today〉에 따르면, 커플을 하나로 묶어주는가 아니면 불화를 일으키는가를 가르는 요인은 새롭고 자극적인 경험을 추구하는 신경계의 타고난 경향이 어느 정도인가에 달려 있다.

어떤 사람은 선천적으로 스릴을 추구하는 유형으로 끊임없이 새롭고 흥미진진한 자극을 찾는다. 위험스런 일을 좋아하고, 강한 방랑벽을 보이며, 모험을 갈망하는 것이다.

반대로 익숙한 것에 더 만족하는 사람들도 있다. 그들은 조용하고 가정적인 일상이나(늘 같은 식당에서 하는 생일 파티처럼) 익숙한 관례를 즐기고, 사람이든 물건이든 깊이 알아가는 것을 좋아한다. '스릴 탐구가'와 '친숙함 애호가' 사이의 차이는 무엇보다 성적 친화성 영역에서 가장 뚜렷이 나타난다.

분명 당신도 이 두 범주에 속하는 특성을 몇 가지씩 가지고 있겠지만 아마도 어느 한쪽에 더욱 단단히 뿌리박고 있을 것이다. 당신과 파트너가 두 범주의 스펙트럼 어느 한쪽에 같이 위치하고 있다면 만족스러운 성생활을 오랫동안 유지할 가능성이 매우 높다. 그러나 당신은 스릴을 좇는데 파트너는 친숙함을 좋아한다면, 당신의 파트너가 익숙한 일상에서 안심할 만한 만족스러운 방법을 찾도록 해주는 한편 당신은 새로운 자극을 얻을 마약과도 같은 매개체를 찾는 데 더욱 큰 공을 들여야 할 것이다.

당신의 본성에 나타나는 이런 차이는 새로움으로 넘쳐나는 연애 초기에는 감춰져 잘 드러나지 않는다. 델라웨어 대학교의 심리학자 마빈 주커만은 이렇게 말한다.

"어떤 사람이 지닌 감각에 대한 타고난 욕구는 연애 초기단계에서는 분명히 드러나지 않는다. 그때는 사랑 그 자체가 새롭고 스릴을 동반하기 때문이다. 섹스가 판에 박힌 일상이 되는 시점에 문제가 발생한다."

도파민 수치가 극대화되는 연애시절

연애 초기단계 연인들의 뇌는 강력한 성 화학물질로 가득 차 이 때문에 쉽게 사랑에 빠져든다. 흔히 사랑에 취했다는 말은 곧잘 쓰면서도 우리 몸이 그 화학물질의 영향으로 작동하고 있다는 사실은 거의 깨닫지 못한다.

누군가에게 열중해 있는 동안 분비되는 화학물질은 바람을 피울 때 만들어지는 것과 같다. 그리고 이것은 흥미롭게도 마약 중독자가 약을 흡입했을 때 분비되는 것과 같은 화학물질이다. 인류학자인 헬렌 피셔의 말에 따르면, 낭만적인 사랑은 중독성 약물이다. 직간접으로 모든 종류의 '약물 남용'은 사실상 뇌에서 같은 경로를 취하는 경향이 있다.

그렇다면 흥분에 도취된 기분을 유발하여 아주 멋진 섹스를 경험하도록 이끌고 더욱 갈망하게 만드는 화학물질은 무엇일까?

앞에서 언급했던 오그던 내시가 쓴 시구를 떠올려보자.

"캔디는 달지. 하지만 술이 더 빠르지."

그러나 사실은 도파민이 캔디나 알코올보다 훨씬 더 효과적이다.

헬렌 피셔의 책《사랑하는 이유Why We Love》에는 그녀의 팀이 작은 쥐처럼 생긴 대초원 들쥐에 대해 실행했던 연구가 실려 있는데, 이 생물은 인간처럼 평생 동안 짝을 짓고 산다. 대초원 들쥐는 일부일처 짝짓기를 유지하는 3퍼센트의 포유동물 가운데 하나다. 그들은 일단 짝을 선택하면 미친듯이 교미한다(이틀 동안 50회를 넘는데 뜨겁고 열광적인 것은 말할 필요도 없다). 그러고 나서 둥지 만들기, 짝짓기, 보호하기, 양육하기와 같이 평생 동안 간직할 유대감 쌓는 일을 이때 시작한다. 인간처럼 성욕 – 낭만적인 사랑 – 애정과 같은 단계를 밟아 나가는 것이다.

행복한 결혼생활을 하는 대초원 들쥐와 유전적으로 99퍼센트가 일치하는, 매우 가까운 친척이면서 산간지대에 서식하는 들쥐는 분명한 대조를 보인다. 단 한 번만 교미할 뿐 일부일처는 안중에도 없다. 단 1퍼센트의 유전적 차이에서 이토록 큰 행동 차이가 나타나는 것은 무엇 때문일까? 무엇이 대초원 들쥐를 처음에 그렇게 흥분시키고 오랫동안 헌신하게 만드는 걸까?

대초원 들쥐가 미친듯이 교미하는 동안 뇌의 도파민 수치는 50퍼센트나 치솟고, 노르에피네프린norepinephrine과 옥시토신도 상당히 증가한다. 하지만 산악지대 들쥐에게는 이 강력한 성적 화학물질 수용기가 없다. 〈이코노미스트〉가 한눈 팔지 않는 대초원 들쥐를 기리는 시에서 쓴 것처럼 말이다.

"이 호르몬의 영향력을 계속 강하게 유지할 수 있다면 인간도 이 설치류가 보여주는 것처럼 낭만적이 될 것이다."

도파민과 노르에피네프린은 우리 몸속에서 천연 암페타민처럼 작용한다고 볼 수 있는데, 이것은 성적인 흥분뿐만 아니라 어떤 목표 달성을 위한 행위 촉진에도 핵심적인 역할을 한다. 도파민은 집중력에 도움이 될 뿐만 아니라 우리가 짝을 고르는 데도 이바지한다(원초적인 성욕을 낭만적인 사랑으로 연결). 과학자가 암컷 대초원 들쥐의 뇌에서 도파민 수치를 줄이자 교미 상대를 더 이상 충실하게 대하지도 까다롭게 고르지도 않았다. 실은 아주 난잡하게 굴었다.

동거 커플보다 장거리 연애 커플이 성적 침체 상태에 대해 더 많이 씨름하는 것도 당연하다. 눈에서 멀어지면 그냥 애틋해지는 것이 아니라 뇌가 도파민을 더 많이 만들어낸다. 헬렌 피셔는, "보상이 지연되면 뇌에서 도파민을 생산하는 세포들이 생산을 더 늘려 뇌를 활성화하고, 주의를 집중시키고, 보상 즉 연인의 마음을 얻기 위해 훨씬 더 노력하게 만드는 천연 자극제를 엄청나게 쏟아낸다. 도파민, 그대의 이름은 굽히지 않는 끈기이다"라고 말했다.

하지만 일단 헌신적인 연인관계가 되면 섹스가 더 편안해지고 어느 정도는 더 쉽게 할 수 있다. 그때는 섹스가 더 이상 보상이 아니라 당연하기 때문이다. 이와 관련해 한 남성은 이렇게 말했다.

"그게 결혼의 중요한 점 아닌가요? 섹스 못하는 것을 더 이상 걱정하지 않아도 되는 것 말이에요."

"지난 한 달 동안 만난 남자가 있어요. 섹스는 확신이 들 때까지 참으며 기다리고 싶다고 말했더니 유별나다고 해요. 사실 그가 정말 좋아요. 그리고 그와 갈 데까지 가지 않고 기다리는 게 힘들어요. 그러니 그냥 관계를 가질까요?"

– 미셸, 32세, 제빵사

당신의 본능에 따르고 섹스를 미루어서 생기는 강한 고통의 쾌감을 즐기라고 충고하고 싶다. 섹스를 미루면 남자의 기대감도 분명히 한층 고조될 것이다. 현대 여성에게는 선택권이 있으니 첫 번째 데이트에서 섹스할 것인지 기다릴 것인지 선택할 수 있다. 첫 번째 데이트날 같이 자고 행복한 결혼으로 이어진 커플을 많이 알고 있다. 섹스와 사랑을 혼동하는 바람에 섹스가 왜 헌신적인 연애로 이어지지 않는지 혼란스러워하는 여성도 많다.

섹스에 대한 사고방식의 변화나 여성이 성적으로 권한을 부여받은 것과는 무관하게, 낭만적인 사랑은 뇌의 보상 시스템에 연결되어 있어서 보상이 지연될수록 도파민의 작용은 더욱 활성화된다. 그래서 우리를 취하게 하는 이 천연물질은 남성이 여성을 따라다니며 구애하는 일을 달콤하게 만든다. 그러니 이를 염두에 두고 섹스를 열정적인 구애의 결실이라고 생각하라. 그리고 지연된 만큼 훨씬 더 갈망하게 된다는 점을 잊지 마라. 한마디로 모든 남성은 여성을 쫓아다니는 걸 즐긴다. 그리고 거기에는 생물학적인 이유가 있다.

공격성과 오르가슴의 연관성

격렬한 말다툼 후에 최고의 섹스를 경험하는 경우가 종종 있다. 이렇듯 화해의 섹스가 열기를 더하며 매력을 끄는 것에는 생물학적 근거가 있다는 사실을 알면 놀랄지 모르겠다.

말다툼을 하면 아드레날린이 활성화되고 아드레날린은 다시 도파민을 생성한다. 또한 남성의 공격성과 오르가슴은 서로 연결되어 있다는 점도 잘 알려져 있다. 말다툼은 사랑을 위험한 상황으로 몰고 가지만 (다행히 잘 풀리면) 섹스는 그 위험에서 벗어나게 만든다. 어떤 커플에겐 싸우는 것이 전희의 한 형태로서 그 결과 굉장히 만족스러운 섹스가 이어진다.

"싸우는 것의 가장 큰 장점은 화해죠."

"뭐랄까, 우리가 열정적인 겁니다. 골 터지게 싸우고 나서 섹스도 숨 넘어가게 합니다."

"한바탕 싸우고 나서 한 섹스가 제일 화끈합니다. 격정과 갈망으로 부둥켜안고 서로에게 돌진하죠. 오랫동안 굶주린 사람들처럼요."

그렇다면 사랑하기 위해 꼭 싸워야만 할까? 싸움이 줄어들자 섹스도 따라서 줄어든 커플도 있다고 한다. 공격성과 성욕이라는 두 가지 충동이 마치 동일한 에너지 저장소에서 분출하는 것처럼.

도파민이 쏟아져 나오게 하는 더 간편한 방법은 없는 걸까? 물론 있다. 패셔니스타가 되는 것이다. 다시 말해 흔들리는 다리 위에 오르는 것이다.

연애관계가 진행되면서 처음에 욕정으로 몹시 흥분시켰던 성적 화학물질은 차츰 줄어드는 대신 새로운 화학물질이 작용하기 시작한다. 남성은 바소프레신, 여성은 옥시토신이 분비되어 안정감이나 행복, 애착을 불러온다. 좋아하는 남성이 품에 안으면 여성은 옥시토신이 분비되어 충만한 행복감을 느낀다. 옥시토신이 '포옹 호르몬'이라 알려진 것도 이런 이유 때문이다. 바소프레신은 남성이 위험으로부터 보호하려는 기분이 들게 만들고, 애정이나 부성애를 느끼게 돕는다.

애정의 화학반응이 성욕이나 낭만적 사랑에 불리하게 작용할 때도 있다. 헬렌 피셔가 관찰한 바에 따르면, "바소프레신의 수치가 높아지면 남성의 테스토스테론 수치는 줄어든다는 사실을 뒷받침하는 증거가 있다"고 한다. 달리 말하면 애정이 깊어지고 부성애가 커질수록 남성은 대체로 성욕을 잃게 된다.

한때 가졌던 불꽃이 사그라들면 사람들은 보통 놀라고 동요한다. 연애관계가 끝장났다고 생각하며. 무력하고 거부당한 느낌을 받는다. 서로 침묵의 비난으로 일관하든가, 그렇지 않으면 관계를 포기하고 새로운 사람에게로 옮겨간다.

우리는 낭만적 사랑의 단계에서 느꼈던 흥분을 유지하면서 애착단계로 나아갈 수 있는 방법을 알지 못한다. 자연이 주던 도움을 갑자기 끊어버리자 우리는 어찌할 바를 모르고 헤매는 것 같다. 우리는 사랑에 빠지는 건 좋아하지만 사랑을 계속 유지하는 방법은 모른다. 우리는 결코 가질 수 없는 것을 원하는 걸까? 욕망하는 대상을 실제로 얻는 것보다 쫓는 동안의 흥분을 더 좋아하는 걸까? 오랫동안 서로 충실한 관계를 맺으면서도 성적인 흥분을 유지하는 방법은 없을까? 아니면 기본적으로 애정생활을 주기적으로 새것으로 만들 필요가 있는 변덕스러운 일부일처제 집단인가? 마르지 않는 열정을 함께 즐길 수 있는 '딱 맞는 사람'이나 '영혼의 짝' 같은 것이 있기나 한 걸까?

고대 그리스 희극작가인 아리스토파네스가 추측하기를 태초에는 남자와 여자가 하나의 피조물이었다고 한다. 그런데 신이 우리를 둘로 나눠버려 서로 나머지 반쪽을 찾아 헤매게 되었다. 아리스토파네스의 의견대로 나머지 반쪽 찾기가 바로 사랑의 핵심이다. 그렇다면 사랑의 본질이 연애를 완전한 것으로 유지하는 것이 아니라 우리의 다른 반쪽을 찾으려는 욕망에 이끌려 가는 것일까?

다행스럽게도, 욕망의 화학반응을 이해하면 뇌를 속여서 화끈하고 열광적인 섹스를 가능케 하는 테크닉을 구사하여 관계를 지속해 나갈 수 있다. 그런 면에서 사실상 뇌야말로 우리의 가장 큰 성기다. 따라서 진정한 연금술사라면 새롭고 직접적인 경험을 마음속 깊은 곳에서 이글거리는 욕망으로 변화시킬 수 있을 것이다.

변화의 핵심은 즉흥성과 의외성

연애관계에서 강조되는 믿음, 친밀감, 예측 가능성, 사랑의 감정들은 욕망을 구성하는 기본 요소가 되지 못하는 경우가 많다. 그래서 살아가는 동안 섹스만을 위해 자발적이고 외설스럽고 음탕하고 예측 불가능하게 남아 있을 여지가 필요하다.

대부분의 경우 연애관계를 단단히 고정된 다리 위에서 안정되게 맺어 나가고 있는지 확인하는 데 많은 시간을 보낸다. 하지만 도파민이 다시 흘러나오게 하려면 흔들리는 다리 위에 섹스 생활을 위한 특별한 공간을 마련해야 한다. 사람들은 모두 성적으로 스릴을 좇는 성향들을 조금씩은 갖고 있기 때문에 서로에게 푹 빠져 있는 연애 초기의 흥분이 사라지면 그것을 되찾는 데 시간과 노력을 들여야 한다.

오래 사귄 커플은 섹스에 관한 것이라면 전희부터 굿나잇 키스까지 행동을 정해주는 뻔하고 무미건조한 섹스 시나리오에 갇히는 문제와 부딪힌다. 대부분의 커플에게 섹스란 거의 판에 박힌 과정의 반복이다. 먼저 키스와 포옹을 하고 나서 성기를 자극한 뒤 삽입과 오르가슴—남성은 거의 항상, 여성은 잘되면 가끔—이 이어진다. 물론 당신과 파트너가 서로의 몸을 더 상세히 알지도 모르고, 또 더 자주 그리고 더 강하게 서로 오르가슴에 이르도록 성심껏 노력할 수도 있다. 하지만 즉흥성과 의외성이라는 측면에서는 진부함에 빠져 있을 것이다.

심리 치료사 데이비드 슈나흐는 한쪽은 성욕이 떨어지고 다른 한쪽은 섹스에 굶주린 커플에 대해 이러한 사려 깊은 글을 썼다.

"섹스가 지루하다는 불평을 자주 불러일으키는 그저 그런 섹스에 대해 판단할 때, 낮은 성욕은 제대로 된 상황판단으로 이어질 가능성이 많다. 따라서 임상의는 성욕이 낮은 파트너보다는 평상시보다 더 많은 것을 원하는, 성욕이 높은 쪽 파트너에 대해 의구심을 가져야 한다. 성욕이 높은 쪽은 지금 자신이 하고 있는 섹스가 서로에게 바람직하지 않을 수 있다는 점을 깨닫지 못하고 있을 것이다. 그런 만큼 섹스나 육체관계에 대해 충분히 알지 못하는 경우가 다반사다."

커플이라면 침대 안팎에서 새로운 감각을 일깨워야 한다. 오래된 섹스 시나리오는 던져버리고 발견과 놀람이라는 진정한 감각을 불러일으켜야 한다. 다양함은 단지 삶의 양념이 아니라 굉장한 섹스의 활력소다.

남성의 성적 환상

환상은 성욕의 원동력이다. 커플의 성생활이 틀에 박힌 공식처럼 지지부진해져도 환상이 섹스 행위에 흥분을 자극하는 새 피부를 입혀준다.

이런 식으로도 설명할 수 있다. 순전히 생리학적인 관점에서는 모든 오르가슴은 똑같다. 혈액이 생식기로 흘러들어오고(울혈 과정), 근육의 긴장 상태(근긴장)가 몸 전체에 쌓이며 정점에 이른다. 그리고 쾌감을 느끼게 하는 골반 수축이 연달아 일어난다. 이게 전부다. 하지만 분명히 좋은 섹스는 골반 수축을 극대화하는 것에 그치지 않는다.

조나단 마골리스는 《오르가슴의 은밀한 역사》에서 이렇게 썼다.

"세계보건기구WHO에 따르면 매일 1억 번 이상의 성교행위가 벌어진다고 한다. 대략 10만 년 동안 남성과 여성은 생식을 배제하지 않는 성교를 해왔다. 대략적인 이 계산은 BC 9만 8,000년 이래로 팽창하고 있는 세계 인구를 설명해준다. 그리고 인간이 약 1,200조 번 정도 섹스를 했다는 걸 보여준다."

환상은 1,200조 번의 섹스 행위 하나하나를 완전히 유일무이한 독특한 것으로 만든다. 또한 우리를 성적으로 구별해주고 저마다에게 성적 개성을 부여한다. 따라서 환상을 성적 지문이라 할 수 있는 것이다.

하지만 여성은 성적 환상과 남성의 마음에 관한 한 그의 머릿속에서 실제로 무슨 일이 벌어지고 있는지에 대해 전혀 감을 잡지 못한다. 이는 환상의 뒷면이 두려움으로 가득 차 있기 때문이다. 많은 남성이 자신의 속마음을 파트너에게 숨기는 건 말할 것도 없고 스스로조차 인정하길 꺼린다. 많은 이들이 자신의 성적 환상을 어느 정도 부정적으로 보고 있고, 그 결과 정도의 차이는 있지만 다들 억누르고 있다는 사실을 나의 임상 경험은 물론이고 수많은 연구가 뒷받침하고 있다.

"내 머릿속에서 무슨 일이 벌어지고 있는지 그녀가 알면 나를 변태 같다고 생각할 겁니다."

남성들이 이렇게 말하는 걸 얼마나 많이 들었는지 모른다.

하지만 흔히 섹스에 대해 갖는 생각과 환상은 저마다 매우 독특하기 때문에 누군가에게 우리 모두는 조금씩 변태처럼 보일 수밖에 없다는 것이 진실이다.

"끔찍한 기분이 들어요. 남편과 섹스하면서 다른 남자에 대해 상상하는 경우가 잦아졌어요. 이거 비정상이죠? 양심에 찔리지만 어쩌지 못하겠어요. 그런 상상을 하면 섹스하는 게 더 즐거워요. 남편과 함께 산 지 7년이나 지났으니 더욱 그렇죠. 섹스 중에 무슨 생각을 하냐고 남편이 물어보면(내가 딴 데 정신이 팔려 있는 걸 그이가 구별할 수 있는 것 같아요) 아무 생각도 안 한다고 거짓말하죠. 사실대로 말해야 할까요? 그이가 상처받을까요? 전 남편을 사랑해요. 하지만 환상에 잠길 때마다 당황스럽게도 꼭 바람을 피우는 것 같아요. 그게 더 심해져서 섹스를 기피하기 시작했어요."

– 엘렌, 32세, 실내장식가

혼자만 그런 게 아니니 안심해도 된다. 여러 연구들이 일관되게 보여주고 있는 사실은 사람들은 섹스 중에 상상에 빠지곤 하는데 반드시 지금 함께 있는 사람에 대한 것만은 아니라고 한다. 그런 환상을 갖는 건 평범하고도 건강하다는 증거이다. 성적 환상 그 자체만으로 연애관계가 어려움을 겪고 있다거나 당신이 파트너에게 만족 못하고 있다는 신호로 해석해서는 안 된다.

생각과는 달리 성적 환상은 당신이 원기 왕성하다는 것을 보여주는 것이다. 앞서 수차례 이야기했고 앞으로도 수없이 하겠지만 상상력과 섹스는 서로 완벽한 침실 파트너다. 꿈과 비슷한 환상은 뇌를 자극하여 즐거움을 얻게 해준다. 이때 육체는 긴장이 풀린다.

수면 연구 분야에서 최고 전문가인 신경과학자 마크 솜즈는 이렇게 설명한다.

"꿈이 뇌에 미치는 영향은 토요일에 상영되는 만화영화가 아이들에게 미치는 영향과 같다. 아이들이 만화영화에 푹 빠져 있는 동안 집에서 힘들게 가사일을 하는 이들은 원기를 회복할 시간 여유를 가질 수 있다. 그런 식으로 주의를 딴 데로 돌려 머리 식힐 기회를 갖지 못한다면 우리 뇌는 완전히 일에 몰두하여 지쳐버리고 말 것이다."

결론적으로 환상은 꿈과 무척 흡사하게도 실현 가능성, 도덕성, 논리성에는 전혀 개의치 않고 뇌가 비밀스럽고 기묘한 영역을 자유로이 탐험하게 해준다. 수많은 이미지와 기억, 생각들로 넘쳐나는 가운데 당신의 몸은 긴장을 풀고 즐겁게 감상

할 수 있다. 환상은 또 당신의 마음을 다른 모든 생각으로부터 차단하는 역할도 하는데 이는 여성이 오르가슴을 느끼는 데 큰 도움이 된다.

성적으로 흥분해 있는 남성과 여성의 뇌를 촬영한 최근 연구를 보면 여성이 오르가슴을 느낄 때는 거의 '최면 상태'에 빠진다. 이런 뇌의 '비활성화'는 여성의 오르가슴을 위해서 반드시 필요하다. 남성과 비교해 여성의 흥분에서 더욱 중요한 것은 긴장을 최대한 풀고 걱정거리는 버려야 한다는 것이다. 바로 환상이 그렇게 되도록 돕는다.

네덜란드 흐로닝겐 대학교의 헤르트 홀스테허는 이렇게 주장한다.

"모든 두려움과 걱정을 잊어버리게 하는 이런 비활성화 상태는 오르가슴에 이르는 데 가장 중요한 것, 더 정확히는 필수적인 것일지도 모른다."

그러니 계속 환상을 갖도록 하자. 몸과 마음은 당신이 오르가슴을 경험하는 데 필요한 일들을 하게 되어 있다. 환상은 다른 모든 스위치는 내리는 대신 성적 흥분을 불러오는 스위치를 켠다.

성적 환상의 필요성

환상에 빠지는 것이 정상이 아니라는 생각은 프로이드로부터 시작되었다. 프로이드에 의하면 행복한 사람은 절대 환상을 품지 않으며 불만족스러운 사람만이 환상에 빠진다.

정신과 의사들과 학회는 환상이란 사람들의 결핍을 나타낸다는 이 생각에 편승하여 흔히 '결핍이론'이라 언급되는 것을 발전시켰다. 빅토리아 시대의 산물인 프로이드 이론은 사실상 성적 수치심을 느끼는 많은 사람들을 위협하여 순종하게 만들었다. 그러나 오늘날 우리는 각자의 성적 취향이 정상과 비정상을 쉽게 가르기 힘든 연속선상의 어딘가에 놓여 있다는 사실을 깨닫게 되었다.

성적 환상은 성행위와 그에 따른 쾌락을 촉진하는 강력하면서도 건전한 도구다. 하지만 성적 환상을 받아들이든 억누르든 아니면 성행위의 대용품으로 사용하든 환상을 어떻게 대하느냐는 다양한 요소, 특히 각자의 성장 과정에 따라 결정된다. 임상자료에 근거한 한 보고서에 따르면, 대략 넷 중 한 사람꼴로 자신의 성적 환상에 대해 죄책감을 느끼거나 양면적인 태도를 보이거나 두려움을 느끼는데 이 때문에 섹스 생활에 지장을 초래한다.

예를 들어 엄격하고 권위적이며 독실한 종교 집안에서 자란 사람일수록 자신의 환상을 부도덕한 것으로 보고, 자신을 사악하고 음란한 사람으로 비난할 가능성이 크다. 이는 사악한 생각이 사악한 행동을 낳는다는 관점에 바탕을 두고 있다.

반대로 자신의 환상을 그저 좀 쑥스러운 정도로 생각하는 사람들도 있다. 그러나 대부분의 사람들은 자신의 환상을 정신 질환과 결부시켜 두려워하거나, 도덕적으로 비난받을 행동을 자꾸 생각하다 보면 실제로 행동으로 이어질까 걱정하며 환상을 억누른다.

"멋진 남자와 약혼한 상태입니다. 3년 사귀었고 두 달 후면 결혼합니다. 문제는 그이의 남자형제에 대해 성적인 상상을 하게 되었다는 겁니다. 흥분되는 꿈을 한 번 꾼 뒤로 그랬는데, 어젯밤에도 약혼자와 섹스하는 내내 그 남자형제를 생각하고 있었습니다! 도와주세요. 떨쳐내려고 할수록 더 생각하게 됩니다. 죄책감이 들어요. 결혼을 취소해야 할까요?"

– 알렉산드라, 31세, 컴퓨터 프로그래머

우선 당신의 환상이 눈앞으로 다가온 결혼에 대해 혼란스러움을 느끼고 있다는 사실을 보여주는 것은 아닌지 스스로에게 물어보자. 진심으로 받아들이지 못하는 뭔가가 있지는 않은가? 약혼자의 남자형제에 대한 상상에 빠져 있다는 사실은 무의식적으로 의구심을 표출하고 있음을 보여주는 것인지도 모른다. 아니면 결혼을 파기할 수 있을 정도의 터부에 초점을 맞춤으로써 당신이 부부관계를 오랫동안 지속할 능력이 있을까 하는 두려움과 대면하고 그것을 극복하려고 애쓰는 과정일 수도 있다. 약혼자를 사랑하고 결혼식을 생각하면 행복하고 결혼할 마음의 준비가 되어 있다면, 당신의 환상은 단지 '금지된 생각'을 상상하고 있을 뿐이다. 원래 생각하지 않아야 하는 것들이 가장 매력적인 법이다. 게다가 생각하지 않으려고 할수록 상황은 더 고조되고 그 생각은 마음속으로 더욱 파고들어온다.

1980년대 중반 버지니아 대학의 심리학자 대니얼 웨그너 교수는 '흰곰 연구White Bear Study'라는 실험을 통해 생각을 억압하는 메커니즘을 연구했다. 웨그너는 녹음기가 있는 방에 사람들을 앉히고는 떠오르는 생각은 뭐든지 이야기해도 되지만 흰곰에 대해서만은 생각하지 말라는 조건을 달았다.

그런데 사람들이 계속 곰 이야기를 했다는 사실은 그리 놀라울 게 없다. 생각하지 않으려고 애쓸수록 흰곰 이야기를 더 많이 하게 되었던 것이다. 실험 참가자들은 흰곰에 대한 생각을 멈출 수 없었는데 결과적으로 연구원들은 생각을 못하도록 강제하더라도 뇌는 결코 그것을 수행하지 못한다는 결론을 내렸다.

이로부터 어떤 교훈을 얻을 수 있을까? 남편이 될 남자의 형제를 실험 속 흰곰이 되게는 하지 말라는 것이다. 환상을 즐기도록 스스로에게 허락하라. 그러면 십중팔구 그 환상은 곧 사라진다. 그 환상 때문에 괴롭고 '통제하기 힘들다'는 느낌을 받는다는 사실로 미루어 짐작할 때, 당신이 소중히 여기는 관계를 잃거나 위험에 빠지게 만들까 봐 두려워하는 데서 그 환상이 시작된 것 같다. 통계를 봐도 그렇지만 당신의 과거 경험에 비추었을 때 소중한 관계가 아주 사소한 일로 위태로워졌을 것이다. 결국 재고할 일은 환상 그 자체가 아니라 그것에 당신이 어떻게 반응하는가이며, 당신이 느끼는 부끄러움과 죄책감, 통제 불능의 기분이 어떤 의미를 담고 있느냐이다.

그러나 허용 가능한 성적 금기의 시나리오를 넘어 미래의 시동생에게 정말로 점점 더 많이 끌린다면 조만간 있을 결혼서약에 대해 심각하게 검토해봐야 한다. 가끔은 곰이 정말로 곰인 경우가 있고, 어쩌면 지금 당장 당신이 숲 밖으로 뛰쳐나와야 하는지도 모른다.

남녀의 환상은 다르다

그렇다면 남성들은 실제로 어떤 것에 환상을 가질까? 포르노 잡지나 광고 속 눈요깃거리들은 가슴 큰 아가씨들이 남성의 시선을 거의 독점하고 있는 듯 보인다. 하지만 매스 미디어는 단지 가장 광범위한 공통분모에 호소한다는 바로 그 사실을 잊지 않는 것이 중요하다.

대부분의 이성애자 남성들이 이런 이미지를 보고 흥분할지 모르지만 그렇다고 해서 이것이 남성 개개인이 성욕을 느끼는 전부도 가장 중요한 것도 아니다. 직설적으로 얘기해서 유방과 엉덩이가 잘 팔리긴 한다. 조금 돌려 말하자면 수입 초콜릿에 열광하는 당신이 누군가에게 트윙키(가운데 크림이 들어 있고 단맛이 나는 노란색 스펀지케이크 – 옮긴이)를 받았다면 그것의 단맛이라도 마음껏 즐길 것이다. 그러나 차선책으로 트윙키를 먹었다고 해서 그것이 당신이 진짜 원하는 건 아니라는 것이다. 이와 같이 포르노도 남성들이 환상에 대해 손쉽게 취하는 접근법일 뿐이다.

여성은 신체의 일부분을 물건처럼 취급하는 경향의 남성과는 뚜렷한 대조를 보인다. 남성의 몸에 분명 관심은 있지만 여성은 좀더 정서적이고 감정에 영향을 받으며 섹스에 대한 환상을 품는다. 300명의 대학생을 대상으로 한 연구에서 여성의 41퍼센트, 남성의 16퍼센트가 환상이 '파트너의 인격적이고 정서적인 특성'에 더 초점을 맞춘다고 답했다.

남녀 환상의 주요한 차이점은 남성은 자신이 과감하고 적극적인 역할을 맡는 상상을 할 가능성이 높다. 반면 여성은 자신에게 어떤 행동이나 일이 벌어지는 상상을 하는 경우가 많은 것으로 알려져 있다.

남성은 종종 2명 또는 더 많은 파트너와 동시에 섹스하는 상상도 하곤 한다. 내가 관찰한 바에 따르면, 많은 남성이 자기 파트너를 포함해 3명이 함께하는 섹스를 상상하는데 나머지 1명으로 꼭 여성을 원하는 것은 아니었다!

남성도 자신이 거부할 수 없는 성적 매력을 갖기를 꿈꾼다. 순전히 성적 매력만으로 망설이는 여성을 압도할 수 있는 유혹의 힘과 능력에 대해서 상상한다.

대체로 여성이 남성의 시선을 받는 쪽이지만, 남성도 누군가 쳐다봐주고 칭찬하고 갈망의 눈길을 주면 흥분한다. 여성들은 보통 여성미와 성적 매력의 일반적 기준에 부합하려고 너무나 열중한 나머지 남성들 역시 여성처럼 가혹한 기준에 도달하려면 어떻게 해야 할지에 대해 안절부절 못한다는 사실을 알아채지 못한다. 불편한 마음을 억누르며 남성용 포르노를 본 뒤 얻는 결과란 포르노가 거대한 성기와 헤라클레스급의 초인적인 지구력을 가진 남자를 주연으로 삼는다는 것이다. 나아가 건방지고 오만한 이 주인공이 현실에서라면 따귀를 맞고도 남겠지만 포르노 속에서는 뺨이 아니라 엉덩이에 야릇한 손바닥 세례를 받는다는 사실만 알게 될 뿐이다.

남녀 모두는 지배와 복종에 초점을 맞춘 환상을 즐긴다(섹스를 제외한 다른 어떤 영역이 이렇게도 솔직하지만 은밀한, 그래서 매력적인 놀이터를 제공할까). 물론 여성보다는 남성이 상상 속에서 지배하는 역할을 맡는 경우가 많은 것으로 알려져 있다. 하지만 내 경험에 비추어보면 남성에게도 지배받고 싶은 숨은 욕망이 있는데, 이는 남성의 쾌락을 이해하고 강화할 수 있는 핵심 가운데 하나다. 섹스할 때 수갑이나 채찍을 사용하라는 얘기가 아니라 남성이 몸을 내맡기고, 잘해야 한다는 압박감에서 벗어나고, 그래서 성적 해방감을 온 감각으로 경험할 수 있게 도와주라는 것이다.

환상은 어디서 오는 것일까? 또 우리를 끌리게 하는 것을 자유롭게 탐구할 수 있는 방법은 무엇일까?

우선 성적 환상에는 두 가지 기본적인 형태가 있다. 하나는 우리 자신의 상상력에서 비롯되는 것이고, 다른 하나는 외부의 감각 자극이 유발하는 것이다.

나의 비공식적인 설문조사를 근거로 볼 때 여성은 성적 만족을 위해 자신의 상상력에 기대는 경향이 더 크다(특히 자위를 하는 동안에는). 이와는 달리 남성은 대체로 이미 존재하는 이미지들을 위주로 이것저것 끼워맞춰 조립한 환상을 더 선호한다(스스로 만들어낸 상상에 의존할 수밖에 없다는 점에서 여성은 운이 좋았다. 반면 남성은 자위도구를 대량으로 판매하는 시장의 불운하고도 손쉬운 희생양이었다).

심리학자들은 흔히 마음속에서 만들어내는 환상은 모든 남녀가 가진 독특한 '사랑의 지도'에서 이끌려 나온다고 생각한다. 이 용어는 1980년 '모든 개인의 성적 환상과 습관이 이루는 전체상'을 설명하기 위해 존스 홉킨스 대학교의 존 머니 박사가 처음 만들었다. 바꿔 말하면 사랑의 지도가 설명해주는 것은 잠재의식 속에 존재하는 성적 욕망의 세세한 윤곽이다. 사랑의 지도에는 각자의 성적 선호가 나타나기 때문에 어떤 신체 유형을 더 좋아하는지와 같이 취향을 비롯해 각자의 성적 환상과 습관을 이해하는 데 도움을 준다.

사람들에게는 저마다 지문만큼이나 독특하고 고유한 사랑의 지도가 있지만 그것이 어떻게 형성되는지에 대해서는 구체적으로 합의된 바가 없다. 어떤 이들은 유년시절 초기의 경험과 인상이 사랑의 지도를 형성한다고 주장한다. 특히 무의식적으로 부모 중 자신과 반대의 성에서 발견되는 특징에 영향을 받는 경향이 있다고 한다. 어떤 사물이나 이미지를 보고 성적으로 흥분했던 경험이 그의 성적 영혼에 스며드는 것이다. 특정 물건이나 신체 부위에서 성적 쾌감을 얻는 것을 뜻하는 페티시도 이렇게 형성된 심리적 원천이 표면으로 드러난 것이라고 말할 수 있다.

한편 사춘기 초기에 자위를 하면서 불러냈던 환상이 사랑의 지도를 형성한다고 주장하는 이들도 있다. 성적 흥분과 오르가슴을 불러일으켰던 어린 시절의 경험이 무의식적으로 반복된다는 것이다.

10대 소년이 〈플레이보이〉 잡지 누드 사진을 보고 처음으로 자위했고 나중에 가슴이 큰 금발미녀에게 끌린다면 이것이 전적으로 우연의 일치에 따른 것일까? 이 견해에 따르면 그 이미지가 오르가슴이라는 보상을 통해 소년의 사랑의 지도에 각인되었다고 설명할 수 있다. 또한 포르노 사진에서 여성을 더 사실적이고 자연스럽게 묘사한다면 성형수술로 결점을 보완·보정한 사진 속 모델보다는 본래 모습의 여성에게 더 많이 이끌릴 것이다. 그 결과 남성들이 즉흥적이고 표피적으로 좇는 환상에서 벗어날 수 있다고 주장할 것이다.

또 다른 이들은 정서적 열망과 의식하지 못하는 심리적 욕구가 사랑의 지도에 영향을 미친다고 주장한다. 예를 들어 결박되는 것에 흥분을 느끼는 남성이나 여성도 때로는 그저 꼭 안아주거나 다정하게 손 잡아주기를 간절히 바라기도 한다. 어린 시절 떼를 쓰며 부모의 관심을 얻어내야만 직성이 풀렸을 성적 과시욕이 큰 사람이나, 친밀감이나 신체 접촉이 거의 없는 집에서 자란 관음증 있는 사람이 또 다른 사례다. 지배당하려는 남성의 욕구가 어린 시절 지나치게 성별 차이를 강조하는 가정에서 남자처럼 행동하라는 압박을 받으며 자란 데 원인이 있다고 해도 그리 놀라운 일은 아니다.

이들 이론은 각각 장점이 있으며, 내 판단으로는 저마다 조금씩은 진실을 담고 있다. 결국 사랑의 지도는 역동적이고 끊임없이 진화하는 여러 요소들이 한데 모여 이루어질 것이다. 역설적이지만 자신의 사랑의 지도를 모르는 경우가 더 많다. 그래서 환상의 표현이—특히 우리의 상상력을 동원하여 내적으로 풀어내는 환상의 표현이—더욱 중요해진다. 그래야만 우리의 성적 지문을 알고 함께 나눌 수 있기 때문이다.

이런 이유 때문에 포르노(그중에서도 너무도 손쉽게 접근할 수 있는 인터넷 포르노)가 개인적으로는 몹시 못마땅하다. 지나치게 단순하고 잘못된 관점으로 여성을 바라보는 데에만 불편함을 느끼는 게 아니다. 외적 자극에 크게 의존하게 만들어 사랑의 지도를 자연스럽게 개발할 수 있는 기회를 약화시키고 차단시켜버리는 것 역시 문제다.

남성은 자신만의 독특한 욕망과 환상을 탐닉할 시간을 빼앗긴 채 그 과정을 포르노의 몰개성적인 시각자료에 의지하게 된다. 점점 더 많은 남성이 애정관계 속에서 성을 탐색하고 욕구를 해결하는 대신 질 떨어지고 간편한 해소수단으로 눈을 돌리고 있다. 또한 자기만의 내밀한 환상은 제쳐둔 채 생기 없고 왜곡된 이미지들과 채팅방에서 우연히 만난 익명의 누군가에게 관심을 쏟는다. 함께 열정적으로 성을 탐색하고 앞으로 나아가고 싶어 하는 파트너보다는 사진들과 함께 있을 때 남성은 훨씬 더 생기를 찾는 것 같다.

"어렸을 때 잡지를 보면서 자위를 했는데 그때는 사진에 맞춰서 보충해야 했다. 자위하는 동안 나는 어느새 잡지 속 한 소녀에게 홀딱 반해 있었고, 나중에는 함께 데이트를 하고 있었다. 그 사진들이 시작이었다. 당시 자위는 나의 성생활이나 다름없었다. 영화를 보면서는 더 쉬워졌다. 의도적으로 보충할 필요가 없어졌다. 노력을 덜해도 됐고 그래서 게을러졌던 것 같다. 상상력을 발휘할 필요 없이 그저 영상이 모든 걸 해결해줬다. 그래서였는지 오르가슴도 일회성의 허무한 자극이 되어버렸다. 나만의 내밀한 성생활과 연결된다는 느낌이 더 이상 들지 않았다. 인터넷도 이제는 껍데기뿐인 것 같다. 수년 동안 포르노 없이 내 머리로만 자위를 하기도 했다. 하지만 그 역시 쓸쓸하고 공허했다. 자위가 건전한 것이라는 말을 항상 들어왔지만 그게 사실인지 궁금하다. 최소한 처음 시작했던 방식에 대해서는. 한때는 자위가 나 자신을 찾아가는 길이었지만 지금은 삶을 회피하는 방식이 되어버렸다. 예전에는 자위를 하고 나면 힘이 나고 활력이 돌았는데 지금은 그저 우울하기만 하다."

– 조너선, 30세, 웹 컨텐츠 관리자

1부를 끝내면서 이제 막 환상이라는 시원의 안개 속을 항해하기 시작했다고 생각할 수 있다. 패셔니스타가 된다는 것은 당신 자신과 파트너가 가진 독특한 사랑의 지도를 탐험하고, 두 사람이 서로 연결되고 대립하는 놀랍고 예측할 수 없는 방식을 알아낼 준비가 되었음을 뜻한다. 자신을 드러내고 서로를 탐색하고 발견하는 이 흥미진진하고 역동적인 과정을 통해, 두 사람 공통의 사랑의 지도, 환상의 형태, 절대 복제될 수 없는 서로를 향한 독특한 욕망을 발견하게 될 것이다. 그리고 흔들리는 다리 위를 가로지르는 평생의 여정을 지탱할 만큼 그 과정은 충분히 보람 있을 것이다. 믿어도 좋다.

즐거운 여행이 되기를!

c h a p t e r 02

테크닉

생각을 행동으로 옮겨라

1부에서는 남성의 욕망과 흥분에 대해서 알아보았다. 이제는 그 욕망에 다가서서 자극하고 만족시키는 방법을 살펴보자. 원을 그리며 순환하는 남성의 성적 반응을 욕망, 흥분, 고조기, 오르가슴, 해소기의 각 단계별로 둘러보고 그것을 행동으로 옮기는 방안을 살펴볼 것이다. 자, 신발끈을 단단히 묶고 안전벨트도 단단히 매는 게 좋겠다. 지금부터 잊지 못할 엄청난 여행을 시작할 테니.

짜릿한 모험에 나서기 전에 1부에서 언급했던 패셔니스타를 위한 원칙 몇 가지를 되새겨보자.

1. 남성의 골반은 위대한 문학작품의 주인공처럼 내적 갈등과 고투로 가득 차 있다. 이곳은 엄청난 쾌감과 불안의 근원지

로서 몸과 마음, 의식과 무의식이 만들어내는 보호막들로 둘러 싸여 있다. 그런 탓에 많은 남성이 성적으로 더 깊고 민감하게 상호 작용할 수 있는 놀라운 가능성을 깨닫지 못한 채 편협한 섹스 시나리오나 틀에 박힌 행동양식에 안주한다.

이렇게 방어적인 시나리오에 따르다 보니 생기 없고 고정된 행동으로 이어진다. 그마저도 대개는 남성 주도로 이루어지는데 조명을 어둡게 하는 것으로 시작하여 삽입 섹스로 막을 내린다. 달리 말하면 고등학교 때부터 해왔던 단순하고 밋밋한 행위를 계속 하고 있는 것이다.

획기적이고 화끈한 섹스를 하고 싶다면 모든 보호막을 뚫고 나아가야 한다. 또 낡고 지겨운 섹스 시나리오는 과감히 던져버려야 새로운 시나리오를 만들 수 있다.

2. 남성의 성적 반응 과정은 시시각각 미묘하게 변하는 감각과 흥분으로 가득 채워질 수 있다. 그러나 그들 대부분이 오르가슴에 접근하는 방식은 마치 어린아이들이 미식가의 저녁 만찬을 대하는 모습과 비슷하다. 온갖 산해진미는 먹는 둥 마는 둥 급히 끝내버리고 디저트로 달려가는 식이다.

여성들은 섹스가 오르가슴 이상이라는 사실을 잘 알지만 남성들은 성적 교감이 곧 사정이라고 생각한다. 즉 그들에게 섹스는 곧 오르가슴이다. 파트너가 식사의 전과정을 음미하게 돕고 싶다면 마음의 여유를 되찾고 속도를 늦춰라. 그렇게 여유를 가지면 후식 아이스크림 위에 얹힌 체리를 먹으려고 본 음식을 허겁지겁 지나치지 않을 것이다. 당신의 남자에게 자꾸 일깨워줘라. 좋은 것은 기다리는 자에게 오는 법이라고!

3. 욕망은 생식기라는 조명기구에 불을 밝히고 끄는 전등 스위치가 아니다. 욕망은 성적 만남의 전체를 관통하며 감정과 행위를 이끌고 과정을 이어주는 역할을 한다. 욕망을 끓어오르게 하려면 기대로 애타게 만들어야 하고, 계속해서 서로의 성욕을 키우는 자극을 주어야 한다. 밤에 침대에서만이 아니라 일상생활 속에서도 기회가 닿을 때마다.

그렇게 하기 위해서는 섹스에 변화를 주어야 한다. 먹는 것과 빗대어 생각해보자. 평생 동안 똑같은 음식을 똑같은 시간에 똑같은 장소에서 먹어야 한다면 너무 질려서 죽지 않을 만큼만 먹는 것도 고역일 것이다.

하지만 우리는 음식을 그런 식으로 먹지 않는다. 새롭고 다양한 맛과 향을 바라고 즐긴다. 집이든 이동중이든 장소를 달리하고, 서둘러 한입 먹을 때도 있고 진수성찬을 배불리 먹을 때도 있다. 때로는 먹는다기보다 되는 대로 쑤셔 넣기도 하고 또 어떤 때는 입맛을 돋우는 전채부터 맛보면서 천천히 식사를 기다리기도 한다.

섹스도 마찬가지다. 아니 어쩌면 더욱 다양한 변화를 주어야 할지도 모르겠다. 새로운 장소와 분위기, 새로운 방법과 묘미가 우리를 더욱 흥분하고 애타게 만든다. 성생활에 활기를 주기 위해 섹스 상대를 다양하게 바꿀 필요는 없지만 자주 메뉴를 바꾸고 또 오늘의 특별 코스를 좀더 참신하게 마련하면 된다.

4. 성적 흥분은 낭만적인 사랑을 불러일으키는 뇌의 화학작용과 신경반응에 따라 일어난다. 우리가 섹스에 관심을 갖고 추구하는 데는 도파민의 자극이 매우 중요한 역할을 한다. 나아가 도파민은 쾌락의 전율을 느끼게 하는 데에도 매우 큰 영향을 미친다. 연애 초기에는 이런 성적 화학물질이 사랑의 열병에 기름을 붓는다. 그러나 시간이 흘러 이런 화학물질이 줄어들더라도 분비선은 편안함이나 애착을 느끼게 하는 화학적 혼합물을 생성하는 작용을 한다.

사랑의 열병 단계를 빠져나와 이런 애착 단계로 접어들면 말 그대로 '다시 불을 붙이기 위해' 적절한 방법을 찾아 노력해야 한다. 도파민이 계속 흘러나오게 하려면 로맨스라는 일반적인 개념 이상이 필요하다. 연애 초기에 느꼈던 강한 성욕을 다시 만들어내려면 예상치 못한 일, 새로움, 신비함 같은 획기적인 요소들이 가미될 만한 방법을 찾아야 한다. 흔들리는 다리 위를 함께 걸어가는 법을 배워야 하는 것이다.

5. 환상은 욕망의 엔진이며 흥분의 윤활제다. 열정은 육체적 쾌감이 아니라 상상력을 통해 유지되는 것이다. 남성의 환상을 알아야만 성적 갈망을 일으킬 수 있다. 포르노 같은 시각자극이 허기진 남성들에게 즉흥적인 해결책이 되어왔지만 그 어떤 것도 현실을 대신하지는 못한다. 음식에 빗대자면, 급한 경우에는 대충 허겁지겁 먹는 게 도움이 될지 모르지만 결국에는 더 영양가 있고 알찬 음식을 찾게 된다. 간편한 패스트푸드에 익숙해 있더라도 그가 정말 좋아하는 요리가 무엇인지를 알아내 한껏 상상력을 발휘해 차려준다면 그 맛을 잊지 못하고 반드시 다시 돌아올 것이다.

6. 마지막으로 좋은 섹스는 뭔가를 그에게 해주는 것이 아니라 그와 함께 경험하는 것임을 잊지 마라. 즉, 서로의 독특한 구미와 취향을 알아가는 것이고 색다른 맛과 촉감, 새로운 풍미의 세계를 탐험하는 것이다.

좋은 섹스란 한 번도 가보지 않은 열정, 쾌락, 친밀함의 세계에 파트너가 함께 도착하기 위해 노력해야 하는 매우 설레고 비밀스러운 여행이다. 그런데 당신은 흔들리는 다리 위의 여자 배역을 맡은 것이 아니다. 당신이 바로 그 여자다. 그리고 이제 당신의 남자가 바로 곁에 있고 당신의 인생에서 가장 짜릿한 모험을 시작하려 하고 있다.

내 남자의 성 건강은 어떤가?

아파서 꼼짝 못하고 드러누워 있을 때면 대부분 가장 먼저 식욕에 변화가 온다. 아무것도 먹지 않기도 하고, 맛이나 영양가에 개의치 않고 대충 눈에 띄는 것으로 때우기도 한다.

섹스에 굶주리는 것도 비슷한 원리에 따라 작용한다. 파트너가 성적으로 건강하지 못한 상태라면 '끼니'를 건너뛰거나 아니면 최소한의 욕구를 힘들이지 않고 되는 대로 해결하려고 할 것이다.

스티븐 램 박사는 남성의 성 건강에 대해 다룬 책《단단함을 결정하는 요인The Hardness Factor》에서 영국의 한 연구결과를 인용했는데, 이에 따르면 일주일에 3회 이상 오르가슴을 경험한다는 남성은 섹스를 그보다 적게 하는 사람에 비해 심장마비나 뇌졸중에 걸릴 확률이 반으로 줄어들었다.

램 박사는 자신이 한 조사에서 드러난 비만, 높은 콜레스테롤 수치, 고혈압, 우울증, 수면장애, 당뇨병, 심장질환 같은 신체 상태와 발기 감소 사이의 상관관계에서 영감을 얻어 이 책을 썼다.

"이 연구가 주는 주요한 메시지는 표면적으로는 섹스가 심장발작이나 뇌졸중의 발생을 줄여주고 더 오래 살게 한다는 것이다. 하지만 진실은 그와 반대여서 건강하면 원하는 만큼 섹스를 많이 할 수 있다는 것이다."

내 남자는 성적으로 건강할까

여성에게 성적으로 건강한지 물어보면 몸 상태가 마음의 상태에 어느 정도 성적인 영향을 미치는지를 잘 말해준다. 뚱뚱하든 마르든, 지쳐 있든, 몸매가 망가지든, 피부에 탄력이 없든, 그밖에 뭐든 여성은 육체적 건강이 욕망에 어떤 영향을 끼치는지 매우 잘 알고 있다. 하지만 남성은 이런 문제를 거의 의식하지 못한다.

요즘 남성들은 체중과 몸매에 대해 어느 때보다 많이 걱정하지만 관심의 초점이 표면적인 경우가 많다. 겉보기에 괜찮으면 아무 상관이 없는 것이다.

대부분의 남성들이 몸과 마음을 다해 섹스하지 않고 페니스로만 하기 쉬워서 자신의 성적 건강을 페니스 길이로 판단하는 경향이 있다. 아니면 포르노나 알약의 힘을 빌려서라도 발기가 잘 되는지, 얼마나 오래 할 수 있는지, 사정을 잘하는지 등으로 판단하는 경우도 많다.

그렇지만 진정으로 충만하고 몸에 갇히지 않은 섹스를 하려면 남성은 자기 몸 전체를 조화롭게 유지해야 한다. 머리에서 머리(귀두)까지, 또 뒷목에서 발가락까지.

멋진 성생활의 여정을 나서기 전에 이 장기여행을 위해 필요한 남성의 체력에 대해 몇 가지 질문을 던져보겠다.

1. 운동을 하는가?

정기적인 유산소 운동은 혈액흐름을 좋게 하고 동맥에서 산화질소의 생성을 돕는다. 산화질소는 남성에게는 흥분과 발기에 꼭 필요한, 말 그대로 활력소다. 그런 탓에 운동을 하고 난 후 종종 성적으로 매우 흥분된다고 말하는 남성이 매우 많다.

뉴욕 시에서 부동산 중개업을 하는 스티브는 이렇게 말한다.

"센트럴 파크 저수지를 뛰는 것이 내게는 전희와 같습니다. 한껏 뛰고 나면 다시 활력이 돋고, 그러면 그 에너지를 전부 섹스로 쏟고 싶어집니다. 운동 전에 하는 운동 같은 거죠."

또한 오클라호마 털사에 사는 심리학자 피터는 이렇게 말한다.

"운동하면서 마음껏 에너지를 발산할 때 가장 활기 찬 느낌입니다. 그래서인지 운동하고 나서 바로 사랑을 나누면 성적으로 가장 생기가 넘칩니다."

그다지 놀랍지 않은 말이다. 유산소 운동을 하는 동안 혈관이 팽창하고 성적 흥분을 돕는 엔도르핀이 기분 좋게 분비된다. 그러니 다음에 당신의 남자가 헬스클럽에 갈 때 샤워는 반드시 집에 와서 하라고 말해라. 화끈한 샤워 섹스로 그의 심장을 세차게 뛰게 만들 수 있을 테니!

운동은 자존감을 높이는 데도 큰 역할을 하는데, 자존감은 어쩌면 가장 강력한 성적 증진제일지도 모른다. 건강과 외모 걱정에 의한 욕구 감퇴를 여성만 겪는 것이 아니다. 자기 몸에 대한 초라한 느낌 때문에 고통받는 남성도 믿기지 않을 만큼 많다. 이미 잘 알다시피 자존감이 낮으면 성욕도 감퇴된다.

얼마 전 나는 적정 체중에서 꽤 많이 초과했는데 그 때문에 한동안 횟수도 적어지고 만족스럽지 못한 섹스를 하게 되었다. 그리고 운동도 거의 하지 않았다. 섹스할 만한 에너지가 남아 있지 않았고 게다가 스스로가 완전히 매력 없는 사람처럼 느껴졌다. 스스로든 남이 보든 맨살을 내놓는 것이 마음 편치 않았다.

그때 마침 아내가 운동 강좌를 수강하기 시작했다. 그래서 덩달아 나도 더 나은 몸매를 만들어보기로 결심했다. 뒤처지지 않겠다고 다짐하며 신체관리 프로그램에 등록했던 것이다. 상당히 빠르게 살을 뺐고 그와 함께 자존감과 성욕이 10배는 뛴 것처럼 느껴졌다. 완벽한 몸을 갖거나 캘빈 클라인 모델처럼 보이게 되었다는 이야기가 아니다. 더 활기차고 자신감을 갖게 되었다는 말이다. 이에 따라 감퇴되었던 성욕이 다시 충전되고 불을 끈 채 섹스하려는 태도에서 벗어날 수 있게 되었다.

아내가 나한테 매력을 느끼지 못했던 게 문제가 아니라(이건 절대 의심할 여지가 없다), 아내나 누구한테든 '내가 매력적으로 보일까' 하는 내 자신의 느낌이 문제였다. 여기서 어떤 교훈을 얻을 수 있을까?

운동과 균형 잡힌 식사는 생기 있는 성생활을 위해 반드시 필요하다. 특히 남녀 모두 체중이 늘면 신체에 대해 자신감을 잃고 성욕이 떨어진다(남성은 체중이 떨어지는 것도 좋지 않다).

2. 잘 먹고 있나?

질 나쁜 식단은 심장질환, 높은 콜레스테롤 수치, 동맥경화증, 고혈압의 주요 원인이다. 남성의 경우는 특히 페니스로 가는 혈액의 흐름을 막으면서 발기 상태와 성욕에 부정적인 영향을 미친다. 그렇다면 성욕을 돋우는 식단은 어떤 것일까? 심장에 좋은 것이 성욕을 돋우는 데도 도움이 된다. 지금 여기서 구체적인 식이요법을 처방하지는 않겠다(식이요법 책은 넘쳐나니).

하지만 대부분의 야채가 그렇듯 식품에서 칼로리 대비 영양소 비율이 높으면 지방은 연소되고 건강에는 매우 이롭다.

따라서 영양소 밀도가 높은 음식을 많이 섭취하면 열량은 적게 섭취하고 고칼로리 음식에 대한 욕구도 줄어든다. 그러니 살기 위해서 먹지 말고 사랑하기 위해서 먹어라.

3. 스트레스로 지쳐 있는가?

스트레스 또한 성행위 능력을 약화시킨다. 나아가 스트레스를 치료하기 위해 흔히 사용하는 항불안제 같은 약은 성욕을 감퇴시킨다. 약의 도움을 받든 아니든 남성도 여성처럼 정신적으로 압박을 받을 때 성욕을 덜 느낀다.

"남편과 저는 섹스로 문제 있었던 적이 한 번도 없었어요(결혼한 지 2년밖에 안 됐기 때문에 최근까지도 아직 신혼이라 생각했어요). 그런데 지난 두 달 동안 상황이 악화되었고 우리는 무미건조한 삶에 빠져들었죠. 확신했던 승진에서 탈락하자 남편이 아기 갖는 걸 조금 미루자고 해요. 그 말에 전 몹시 실망했어요. 요샌 서로에게 늘 화가 나 있는 것 같아요. 잠자리에 들면 꼭 낯선 사람 옆에 누워 있는 기분이 들어요. 지금처럼 외로웠던 때는 없었던 거 같아요."

– 데비, 29세, 홍보 매니저

이것은 데비만 겪는 문제가 아니다. 미국에서 이혼 사유 1위인 경제적인 문제와 비율에서 거의 차이가 없는 두 번째 사유가 성문제다. (그리고 성적 불만족은 보고되지 않은 경우가 매우 많다고 가정해도 무방하다). 사실 이 두 가지 사유는 오묘하게 얽혀 있어 경제적 곤란에서 오는 스트레스가 성적 불만을 조장하고 강화하는 경우가 많다.

내 경험상 남성 성욕 상실의 주요 요인 가운데 하나가 돈과 관련된 걱정이다. 데비 남편의 경우 '계획한 대로' 아이를 가져야 한다는 압박감이 이 재정적인 불안을 악화시키고 있다. 기대하고 있다가 놓친 승진과 아이를 낳아야 한다는 압박감이라는 두 가지 요소를 고려하면 남편이 성적 교감을 피하려는 이유를 어렵지 않게 이해할 수 있다. 그러나 섹스를 하지 않으면 서로의 외로움은 더 심해지고 부부관계에 균열이 생기면서 상황은 더욱 악화된다.

남성들은 보통 발전적인 대화를 나누기보다는 문제를 조용히 겪어내거나 아니면 비이성적으로 화를 터뜨리는 경우가 많다. 지금 데비의 남편은 당신과 당신의 요구를 문제의 일부로 여기고 있을지 모른다. 그러므로 당신은 문제의 일부가 아니라 해결의 한쪽 당사자라는 점을 그에게 일깨워줘야 한다.

남편이 아기 갖는 걸 미루자는 것이 아기를 원치 않는다는 얘기는 아니다. 아마도 남편은 승진하지 못해서 실망했고 계획을 미뤄야 한다는 점에 죄책감과 심지어 남자로서의 무력감조차 느낄 수 있다. 여성들이 아이를 갖는 데 완벽한 때란 없다고 믿는 반면 남성들은 아버지 될 준비가 안됐다고 느끼며 미루는 경우가 많다. 그리고 준비가 되었다는 느낌은 경제적인 자신감이 주요한 경우가 많다.

얼마 동안은 임신 계획을 뒤로 미루고 부담에서 벗어나 부부의 유대감 형성을 위해 노력하는 게 필요하다. 성적 만족을 위한 섹스에 집중하면 부부관계에 새로이 활기가 솟아날 것이다. 더불어 남편의 삶에 대한 태도에 힘을 불어넣어주고 삶의 다른 난제들에 대처하고 극복하기 위해 필요한 자신감을 안겨줘라. 그러면 당신이 남편에 대해 무엇을 가져다주는 사람이 아니라 존재 자체로 소중히 여기고 있다는 점을 남편 스스로 느끼게 된다.

사랑을 주면 그보다 더 큰 사랑을 받는다는 사실을 당신도 알게 될 것이다. 그리고 머잖아 아기도 갖게 될 것이다.

4. 잠을 잘 자고 있는가?

숙면을 통해 취하는 휴식은 음식과 물을 잘 섭취하는 것만큼이나 신체 건강에 중요하다. 그것의 여부는 아침에 일어나 발기 상태를 보면 알 수 있다. 그러니 망설이지 말고 아침마다 그를 시험해보라.

5. 비타민을 섭취하고 있는가?

아미노산의 일종인 L아르기닌은 단백질을 구성하는 한 요소로서 산화질소로 변환된다. 앞서 살펴본 대로 산화질소는 성적 흥분에 매우 중요한 역할을 한다. 소나무 껍질에서 추출되는 피크노제놀은 여러 항산화물질의 결합물로서 심장을 보호하고 고약한 활성산소와 맞서 싸우며 성적 흥분을 증가시키는 것으로 알려져 있다. 특정 어류에서 발견되는 오메가3도 동맥벽에 쌓여서 혈액흐름을 가로막는 플라크를 줄여준다.

비타민 C와 E는 활성산소를 차단하고 혈액 안의 지방 부유물을 감소시켜주는 강력한 항산화 보충제다. 이런 비타민과 미네랄 대부분은 질 좋은 종합비타민제로 섭취할 수 있다.

균형 잡힌 식단과 운동, 스트레스 관리를 꾸준히 해나가면 당신의 남자는 아주 건강해질 것이다. 그러는 가운데 신혼 초에 보였던 창의성을 발휘해 성적 흥분을 자극하면(이 부분은 앞으로 살펴볼 것이다) 당신과 당신의 남자는 얼마든지 충만한 애정생활을 누릴 수 있을 것이다.

강박관념에서 벗어나라

글쓰기의 중요한 원칙 한 가지(고등학교 졸업 후)는 사전적 정의를 이용해 서두를 시작하지 말라는 것이다. 그러나 전희에 관한 한 너무나 많은 이들이 사전적 정의에 따라 행위를 하고 있기 때문에 나는 이 규칙을 깨기로 했다.

표제어: 전희foreplay

발음: 포어 플레이

품사: 명사

1. 성교 전의 성적인 자극
2. 어떤 행사에 앞선 동작 또는 행위

1부를 읽어보았다면 내가 이런 정의에 대해 문제삼는 것을 당연하게 생각할 것이다. 이 정의는 삽입 성교를 중심에 놓고 암암리에 그 전후에 등장하는 것은 무엇이든 부수적인 것으로 여긴다.

성적 '준비 상태'만을 강조하다 보니 이렇게 정의되고 실천되는 전희는 욕망을 불러일으키기보다는 육체적 흥분을 자극하는 데 더 몰두하게 만든다.

기억할지 모르겠지만 앞서 2장에서 남성 발기의 세 가지 유형에 대해 언급했다. 심리적 발기(정신적 감응에 따른 발기), 반사적 발기(성기를 직접 자극해서 일어나는 발기), 그리고 야간 발기(무의식적으로 일어나는 발기)가 그것이다. 사회적 통념은 성적 상호작용에 관하여 반사작용 중심의 접근방식을 지지하면서 진정한 본능에 기초한 심리적 접근방식을 저버리게 만들었다. 그 결과 우리는 빈번히 육체적 흥분을 통해 욕망을 만들어내려고 애쓰면서 뇌가 몸을 따르도록 설득하려고 한다. 정반대로 몸이 뇌를 따라야 하는데도 말이다.

"남자친구와 함께 살고 있는데, 지금은 두 사람 모두 일에 몰두하고 있습니다. 그래서 몇 달 동안 섹스는 물론이고 다른 일을 할 시간을 내지 못하고 있습니다. 계획을 세워서 섹스를 하려고 했는데 그마저도 잘 안 됐습니다. 남자 친구는 뜻이 있는 곳에 길이 있다고 말하는데, 문제는 그 길을 따라가려고 노력도 해보았지만 이제는 도무지 뜻을 낼 엄두가 나지 않네요."

– 레베카, 26세, 공인회계사

전문직에 종사하며 몹시 바쁜 생활을 하는 부부들에게 계획을 세워서 섹스하는 것은 상당히 흔한 일이 되었다. 하지만 불행히도 주간 계획으로 섹스 일정을 잡으면 그 실행에 관한 압박감만 커지고 자연스러운 욕구는 줄어든다. 섹스가 종합비타민제 복용이나 윗몸일으키기와 같이 할 일 목록에 끼워 넣어야 할 또 다른 과제가 되어버린다.

계획된 섹스가 별 도움이 되지 않는다는 점은 쉽게 예상할 수 있다. 이것은 진정한 욕망에 따라 서로에게 기쁨을 주는 친밀한 결합보다는 건성으로 몸만 움직이면서 기계적인 자극과 흥분을 추구하게 만든다. 건강하고 오래 지속되는 관계라면 욕망은 그저 섹스하는 것으로 충족되지 않고 오직 특정한 사람과의 섹스를 원하는 것이다.

미리 계획한 섹스의 또 한 가지 부정적인 면은 더욱 친밀해질 것이라는 서로의 기대와 달리 오히려 극복하고자 하는 바로 그 소원한 느낌을 강화한다는 것이다. 시작이 반이라는 점을 부인할 수는 없지만 그것으로 그친다면 나머지 반을 놓친다는 말이다.

달력에 표시해 함께 둘만의 좋은 시간을 보내되, 꼭 섹스를 해야 한다는 강박관념에서 벗어나면 어떨까? 충만한 섹스를 할 수 있으면 좋겠지만 억지로 할 것까지는 없다.

아니면 개인 사정이나 아프다는 구실을 만들어 함께 일을 쉬는 것도 생각해보자. 늦잠을 자고, 여유롭게 산책하고, 맛난 점심을 먹고, 손을 잡고 극장에 가고, 그렇게 함께 있음을 즐긴다. 피곤함과 스트레스로 가득 찬 한 주 후 주말의 한 시간 정도로는 충분히 쉴 수도 관계를 돈독히 하는 기회로 삼을 수도 없다. 내 생각으로는 심리적인 압박감에서 벗어나 여유로운 시간을 더 많이 가지는 것이 필요해 보인다. 바쁜 일정 속에서도 함께 보내며 기쁨을 나눌 수 있는 시간을 의외로 더 많이 찾을 수 있을 것이다.

전희와 관련해 한마디 한다면 이제는 흥분과 욕망을 혼동하지 말아야 한다. 전희는 발기 및 윤활액 분비를 위한 몇 가지 기계적인 애무나 혀놀림이 아니다. 전희는 섹스를 구성하는 정신적 요소다. 전희는 침실 밖에서 벌어진다. 달콤한 키스와 애무, 옷 벗기기, 깨물기, 희롱하기, 빨기 등은 전희가 아니다. 이는 핵심유희coreplay에 해당한다. 즉 전희는 침실 밖에서 이루어진다(어디든 서로 편하게 즐길 수 있는 곳).

물론 전희에도 육체적 상호작용이 이루어져야 한다(사실 우리는 침실 밖 생활에서 훨씬 더 많은 육체 접촉이 필요하다). 단지 육체적 반사를 기초로 한 접근방식은 탈피하는 게 바람직하다. 이제 머리를 중심에 놓고 몸이 머리를 따르도록 해야 한다.

전희가 언제나 삽입 성교 또는 오르가슴으로 이어져야 하는 것은 아니다. 고등학교 시절을 한번 회상해보자. 잠깐 키스하거나 포옹할 수 있다는 가능성만으로도 외출금지 시간을 넘어 창밖으로 빠져나가지 않았는가? 이런 감정이 중요하다.

멋진 섹스는 마음을 사로잡는 소설과 비슷하다. 낱말 하나하나, 각 장면과 장들이 더해져서 전체를 이룬다. 독서의 즐거움은 책을 읽는 전 과정에서 생겨나지 끝까지 마쳤다는 의무감에서 비롯되는 게 아니다. 책표지 안에서 무엇을 발견할 수 있을지 모르는 데서 오는 흥분 때문에 새로운 책 '펼치기'가 그토록 매력적인 것이다.

성적 욕망은 성행위를 넘어서야 한다. 성적 교감은 때로는 책의 단 한 구절, 때로는 한 장, 나아가 되풀이해서 읽는 한 권의 책과 같다. 다음 책으로 넘어가기 전에 간직하는 생생한 기억은 당신을 변화시키고 어쩌면 영원토록 영향을 줄지도 모른다. 여러 연구결과 때때로 받는 보상이 매번 주어지는 보상보다 더 강렬하게 인상에 남는다고 한다. 언제나 성적 만족감을 얻고 끝을 맺어야만 욕망의 충족을 얻을 수 있는 것이 아니라는 의미이다.

나는 에로틱하게 삶을 살아야 한다고 자주 말하는데, 이는 당신에게 갑자기 색광으로 변하라고 주문하는 것이 아니다. '에로틱erotic'이란 말은 그리스 어로 낭만적이거나 성적인 사랑을 뜻하는 에로스eros에서 유래했다. 그러나 프로이드는 에로스에 대해 다른 정의를 내렸다. 그에 의하면 에로스는 모든 인간이 타고난 생의 본능이다.

이 점에서만큼은 나는 시가를 문 이 거만한 심리학자에게 전적으로 동의한다. 에로스는 성적 욕망이 아니라 삶의 욕망이다. 그리고 전희는 섹스를 넘어 관계 속에 에로스의 감각을 불어넣는 것이다.

"남자친구와 섹스에 관해 대화를 나누고 싶은데 그의 심기를 불편하게 하거나 핀잔을 받지 않으려면 어떻게 하면 좋을까요?"

– 엘리자베스, 23세

이런 고민을 하는 여성들이 그리 드물지 않다. 최근 한 여성 고객이 성관계의 기술에 대해 남자친구에게 말해주려던 상황에 대해 이렇게 말했다.

"영화 〈택시 드라이버〉의 한장면 같았어요. 남자친구는 로버트 드니로처럼 '지금 나한테 말하는 거야?' 하는 표정을 지으며 손가락으로 내 얼굴을 겨냥했어요. 꼭 나를 쏠 것처럼요!"

섹스에 관해 의견을 나눌 때면 말하고자 하는 바와 실제로 말하는 것 사이에는 간극이 생기게 마련이다. 즉 부드럽게 하는 말조차 반발심리를 일으킬 수 있다. 그러므로 귀에 거슬리는 표현이나 그렇게 느껴지는 비난조의 말은 성관계에 있어 죽음의 키스다.

인류학의 오랜 연구결과에 따르면, 여성은 '마주보고' 소통하는 반면에 남성은 '나란히' 소통한다. 여성은 눈을 맞추면서 편하게 말할 수 있다. 이는 아마도 여성이 담당해온 양육의 역사와 밀접한 관계가 있을 것이다. 여성은 아이들의 눈을 사랑스럽게 바라보며 안아주고 어르면서 키워왔다.

반면 남성에게 눈을 직접 마주치는 것은 극히 도발적인 행위다. 헬렌 피셔는 자신의 주목할 만한 책《우리는 왜 사랑하는가Why We Love》에서 이렇게 말했다.

"이러한 반응은 아마도 남성이 맡아온 역할에서 유래했을 것이다. 오랜 세월 남성이 마주친 것은 주로 적들뿐이었다. 또 동물을 사냥할 때면 동료들과 나란히 걷거나 웅크려 전방을 주시했다."

그러니 섹스와 관련해 대화할 때 남자의 심리를 자극하지 않으려면 진화 과정에 신경 쓸 필요가 있다. 한 가지 방법은 산책을 하거나 편안한 의자에 나란히 앉아서 이야기하는 것이다.

시간을 내어 무슨 말을 할지 준비 과정을 갖되 일반적인 이야기는 되도록 삼가라. 섹스에 관한 한 남성에게는 구체적으로 이야기해야 한다. 당신이 전희를 더 원한다거나 정해진 순서를 줄였으면 좋겠다고 말하는 것으로는 충분치 않다. 원하는 '때와 장소'를 구체적으로 예로 들어 말하면서 그런 경우 어떤 차이가 생기는지 설명해줘야 한다.

대화를 통해 당신 자신의 문제를 해결해야 한다. 더 많이 '흥분할 수 있는 방법'을 생각해보자. 오럴섹스를 더 많이 한다거나, 더 오래 껴안는다거나, 더 많은 환상을 품는 것이 해결책일 수 있다. 방법에 대해 어떤 이야기를 하든 이상적인 해결책을 떠올려본 후 어떻게 해야 긍정적으로 서로의 흥분을 자극하는 방식으로 전달할지를 생각하라.

08

자신이 원하는 걸 외쳐라

우리 문화는 극단적인 경향이 있다. 과격한 스포츠와 지나친 화장에서부터 일하고 즐기는 극단적 방식에 이르기까지(우리가 즐기는 텔레비전 체험 프로그램마저 갈수록 극단적으로 되어간다). 우리는 스스로를 육체적·정서적 한계까지 몰아붙이며 위험을 감수하면서까지 느끼는 강렬한 경험을 즐긴다.

이렇듯 아드레날린과 엔도르핀이 우리 몸이 선택할 수 있는 천연 약물이라면 조금은 극단적인 섹스를 해보는 것도 고려할 만하지 않은가? 스카이다이빙을 하면서 섹스하는 것을 떠올린다면 아마 그것도 맞을 것이다. 그런 식으로 생각해볼 수 있다는 말이다.

나는 임상치료 과정에서 때때로 부부나 연인들에게 재미있는 과제를 실행하게 하면서 그들을 정말로 흥분시키는 것이 무엇인지 생각하고 말하도록 유도한다.

우선 스카이다이빙하는 사람들의 모습이 담긴 편집하지 않은 DVD를 보여준다. 이 DVD에는 스카이다이빙을 처음 시도하는 사람들이 으레 내지르는 비명, 욕설, 히스테리성 외침뿐만 아니라 그 뒤로 이어지는 환호성과 신음 섞인 아우성이 생생히 담겨 있다.

그 다음에는 각자에게 자신을 성적으로 한껏 흥분시키는 한 가지를 떠올려보는 시간을 갖게 한다. 그들을 흥분하게 만드는 것이 환상일 수도 있고, 특정한 성행위일 수도 있으며, 평소 해보고 싶었던 별난 체위일 수도 있지만, 그중에서도 다른 누구와도 이야기 나눠본 적이 없는 비밀스러운 것을 떠올려야 한다.

그런 다음 떠올린 생각을 "나는 원한다"는 문장으로 표현하도록 한다(예를 들어 '지하실 계단 벽에 밀어붙이고 해주면 좋겠어'). 그러나 아직 소리 내어 말해서는 안 된다.

그 다음 사무실 가운데 폭이 발 하나 정도 되는 좁은 벤치를 놓고는 커플에게 손을 잡고 함께 그 위에 오르도록 한다. 그리고 이렇게 말한다.

"눈을 감으세요. 비행기를 타고 있다고 상상하세요. 당신은 지금 수천 피트 상공을 날고 있으며 이제 낙하산을 메고 객실 문에 함께 서서 저 푸르른 창공으로 뛰어내리려 합니다. 벤치에서 뛰어내리기 전에 내가 '출발' 하고 신호하면 자신이 원하는 얘기를 동시에 큰 소리로 외칩니다."

내가 스카이다이빙 비유를 너무 지나치게 이용한다는 생각이 들 수도 있겠다(진짜 극단주의자들에게는 별로 그렇지 않을 수도 있지만). 하지만 사실 우리 대부분에게 비밀스런 성적 자아를 친밀한 파트너에게 드러내는 행위가 높이 나는 비행기에서 뛰어내리는 것만큼이나 두렵고 부담스러운 일이다.

내가 커플과 함께하는 많은 행위는(더디긴 하지만 확실하게) 그들이 안주하는 성생활에서 빠져나오도록 돕는다. 나는 이를 두고 '안전한 모험' 감행하기라고 일컫는다. 지금껏 되풀이해서 보아온 바로는 '매우 안전한' 작은 모험조차 커플에게 보상을 가져다준다. 도파민 생성과 성적 흥분에 꼭 필요한 새롭고 참신한 느낌을 불러일으키고 섹스에 대해 호기심과 모험심, 대담함, 자신감을 키운다.

다음은 많은 남성이 벤치에서 뛰어내리기 직전에 외친 "나는 원한다" 문장들이다.

"엉덩이를 때리고 싶어."

"꽁꽁 묶고 싶어."

"나를 꽁꽁 묶어줘."

"당신이 혼자 자위하는 걸 보고 싶어."

"역할극처럼 섹스하고 싶어."

"불을 켠 채 섹스하고 싶어."

"사람들이 보는 앞에서 섹스하고 싶어."

"더 자주 오럴섹스를 받고 싶어."

"셋이서 하고 싶어."

"섹시한 란제리 입은 당신 모습을 보고 싶어."

"입으로 오르가슴을 느끼게 해주고 싶어."

"성기 주위를 면도하고 싶어(또는 "면도한 모습을 보고 싶어")."

"항문 섹스를 하고 싶어."

"다른 여자나 남자와 하는 걸 보고 싶어."

"상스러운 말을 하고 싶어."

"섹스하며 비디오를 찍고 싶어."

"함께 포르노를 보고 싶어."

여성이 말한 문장 목록에는 오럴섹스에 대한 바람부터 지배하거나 지배당하고 싶은 욕구들이 포함되어 있다. 커플들은 두 사람의 마음속 욕망이 서로 크게 다르지 않음을 발견하고 놀라는 경우가 많다.

커플이 원하는 말을 외친 다음에는 내가 그들이 했던 문장을 다시 한 번 큰 소리로 반복하여 확인한다. 이어서 그 커플이 함께 손을 잡고 벤치에서 뛰어내리게 한다. 여성이 내딛은 작은 한 발짝이 인류의 성생활에는 큰 도약을 가져올 것이다.

이제부터 "나는 원한다"는 문장과 소망이 남녀 서로에게 실제로 무엇을 의미하는지 이야기할 것이다. 내 사무실에서 시작한 자유낙하와도 같이 마음을 들뜨게 하는 성의 탐색을 일상생활에서 어떻게 환상 또는 행위를 통해 이어갈 수 있을지 알아보자.

당신이 원하는 문장은 무엇인가? 그것에 대해 어떤 느낌이 드는가? 당신의 가치관이나 자의식과 일치하는가? 아니면 혹시 당신의 사회적 정체성과 어긋나지 않는가? 파트너에게 당신의 욕망을 말하고 실제로 추구할 준비가 되어 있는가? 반대로 파트너의 말을 듣고 긍정적인 자세로 그의 욕망을 포용할 준비가 되었는가?

이런 점들에 대해 아직 완전히 확신할 수 없다면 지금부터 스스로를 흰색 암호랑이로 생각하기 바란다. 그렇다. 흰색 암호랑이라고 했다. 무슨 말일까?

자, 이제부터 설명해보겠다.

09 호랑이의 섹스를 배워라

흰색 암호랑이란 중국의 용어로 자신의 건강과 젊음을 유지할 목적으로 규율에 따라 성적 수련을 실천하는 여성을 가리킨다. 흰색 암호랑이의 섹스 원칙은 고대 중국에서 도가의 여성 섹스 전사들의 은밀한 집단에 의해 개발된 것으로 서양 문화에는 거의 알려지지 않았다. 이제 패셔니스타인 당신이 그들의 후계자가 되는 것이다.

도가의 저술가이자 역사학자인 시 라이는 흰색 암호랑이의 마지막 생존자 가운데 1명을 관찰할 기회가 있었다. 그녀의 지혜를 서구 여성들에게 전해줄 목적으로 여러 비밀스런 수련법들을 습득했다.

시 라이는 자신의 책《흰색 암호랑이에게 배우는 성: 도가의 여성 명인의 비밀The Sexual Teachings of the White Tigress: Secrets of the Female Taoist Masters》에서 이렇게 전한다.

"흰색 암호랑이는 어떤 계급 사람이라도 찾아가 활동한다. 그녀는 사회 환경이나 종교적 믿음에 구애받지 않는다."

흰색 암호랑이의 원칙 가운데 일부, 예를 들어 여성이 남성의 정액을 흡수하면(주로 오럴섹스와 피부접촉을 통해) 육신의 젊음과 영생을 얻을 수 있다는 생각은 현대 서양 사상과는 배치된다. 그러나 섹스에 대한 전반적인 접근방식에는 힘과 대담함이 넘친다.

앞의 책에 따르면, 흰색 암호랑이는 용의 숨결이라 불리는 '남성의 성에너지를 흡수'하는 훈련을 받았다.

"오르가슴은 액체 형태뿐 아니라 실재하는 정신적 힘으로서도 성에너지를 상당히 방출한다. 흰색 암호랑이는 남성의 액체와 남녀의 오르가슴에서 나오는 에너지를 흡수하여 자신의 건강과 안녕을 위해 철저히 이용하는 방법을 찾는다. 흡수는 정신적 · 육체적으로 오르가슴의 에너지를 자신에게로 끌어들이는 능력인 바, 그녀는 남성 에너지를 이용하여 자신의 여성에너지를 강화한다."

흰색 암호랑이는 전통적으로 두 부류의 남성과 성관계를 가졌다. 녹색 용과 옥색 용이 그들이다. 녹색 용은 흰색 암호랑이가 순전히 정액과 성에너지를 얻을 목적으로 유혹한 남성이다. 당신 역시 남자를 녹색 용으로서 다루는 법을 배워야 한다.

그가 주는 기쁨을 잘 이용하여 성적 만족을 얻어라. 그 남자는 개의치 않을 것이다. 당신이 상황을 주도할 용의와 남성을 섹스 노리갯감으로 삼을 용기를 가진다면 남성 또한 새로운 차원의 황홀경을 느낄 것이다. 당신의 행동에 남성이 영문을 몰라 하겠지만 모든 걸 말해줄 필요는 없다. 원래 흰색 암호랑이는 비밀 집단이었다. 당신 또한 새로운 정체성을 비밀에 붙여도 된다.

두 번째 부류의 남성은 옥색 용으로서, 성적인 실천 면에서 흰색 암호랑이와 동등한 파트너다. 이들의 관계는 서로에게 유익함을 주고받는 것이다.

당신의 남자를 옥색 용으로 생각해보자. 당신이 주도하고 주도당하고, 소통하고 표현하고 배우고, 이 모두를 주고받겠다는 마음의 준비가 된다면 그와의 성적 관계가 깊어지면서 비밀스런 쾌락의 미탐사지역에 함께 뛰어들 수 있다.

현대의 흰색 암호랑이로 볼 수 있는 패셔니스타라면 시시각각 변화하고 계속 무르익어가는 당신의 욕망과 파트너의 욕망에 발맞춰가며 한 남자에게서 녹색 용과 옥색 용을 동시에 찾아내는 방법을 배워야 한다.

흰색 암호랑이 가르침의 핵심은 섹스를 삶의 중요한, 그리고 필수적인 부분으로 만들려는 의지다. 바쁘게 정신없이 사는 가운데 함께 성적 쾌락을 추구하고 체험하려면 넉넉한 시간과 알맞은 장소가 있어야 한다. 의식적인 결정으로 수요일 밤에 섹스를 재빨리 치른다거나 토요일 저녁식사 전에 벌이는 난장판이 되게 하지는 않겠다는 각오를 다져야 한다. 파트너와의 성적 관계에 친밀한 감정을 부여하는 일은 생명체에 피를 공급하는 것만큼 중요하다.

흰색 암호랑이처럼 할 수 있으려면 그들처럼 생각하고 행동해야 한다.

"흰색 암호랑이에게 섹스란 남자가 질 속에 페니스를 넣다 뺐다 하는 행위가 아니다. 그녀에게 섹스는 젊음의 감정, 즉 모험과 낭만과 쾌활함을 되살리는 것이다. ……간단히 말해 그녀는 섹스에서 자극과 흥분을 추구한다."

일부일처제에 따른 파트너와의 섹스는 사실 성인의 고정된 사고방식과 절차에 빠져들기 쉽게 만든다. 새로운 것을 배우거나 체험하려고 들지 않는다. 정서적 결핍에만 신경 써 섹스를 통해 부족함을 채우려 하고 관계의 친화성과 자신의 매력을 확인받으려고 한다. 섹스를 하면서 성인으로서 느끼는 고됨, 두려움, 의무 등에서 잠시도 자유롭게 헤어나오지 못하는 것이다.

그러나 흰색 암호랑이는 남성을 사로잡기 위해 노출을 연출하기도 하고, 장난스럽게 희롱하기도 하며, 짐짓 허세를 부리기도 한다. 또 그러는 가운데 은밀하게 둘만의 막간 여흥을 즐기기도 한다. 흰색 암호랑이는 분명 성인이라는 상황에 놓여 있으면서도 에너지 발산이나 행동 면에서 어린아이 같아지려고 노력한다.

이제 새롭고 비밀스러운 섹스의 세계를 본격적으로 탐색해 볼 시간이다. 그래서 한 단계 도약을 이루어내자. 지레짐작하지 말고 듣는 법을 배우고 그것으로 가능성을 넓혀가라. 스스로 욕망의 주체가 되어 받음으로써 줄 수 있다는 확신을 가지고 실천에 옮겨라. 남성의 시각, 즉 발기의 관점에서 스스로를 평가하지 마라.

발기에 관해 고대 도가의 책에는 이런 말이 있다.

"흰색 암호랑이가 놀기 시작하면 용이 꼬리를 휘젓는다."

이제 한번 놀아보도록 하자.

10 때로는 과감하고 도발적으로

잠시 눈을 감고 갈팡질팡했던 젊은 시절을 생각해보기 바란다. 그때는 아직 섹스가 불량한 행위여서 신비와 위험, 흥분, 강렬함, 그리고 다른 어떤 것보다 새로움으로 가득했다.

기억 속 깊은 곳을 더듬어 성적으로 만족시켜주고 만족했던 비길 데 없는 기쁨을 다시 느껴봐라. 휘몰아치는 오르가슴의 격정에 사로잡혀 있는 연인을 처음으로 듣고, 냄새 맡고, 보고, 맛보면서 느꼈던 이루 표현할 수 없는 놀라움, 흥분, 열정의 감정을 떠올려보기 바란다. 처음으로 다른 사람의 애무를 받으며 그 위력에 굴복했던 때를.

성생활에 대한 오해

프랑스 소설가 콜레트는 성생활이 본래 육체적이라고 단정하는 것은 우리의 욕망에 영향을 미치고 이를 규정하는, 또 일반적 행위에서 성을 끌어내 영속적 의미를 부여하는 다른 힘(생리적 힘에서부터 미학적 힘까지)들의 중요성을 매우 과소평가하는 것이라고 생각했다. 우리는 때로는 말로 때로는 행동으로 파트너와 더불어 환상을 탐색함으로써 성생활을 역동적이고 예측 불가능하게 변화시켜 상호 발견, 쾌락, 친밀감을 끝없이 넓혀갈 수 있다. 그러므로 콜레트가 보여준 시적 타당성에 경의를 표하며, 여기서 패셔니스타인 당신과 파트너에게 앞으로 일어날 일을 잠깐 보여주겠다.

꿈을 빌려 성적 유대감을 강화하라

32세의 투자은행가인 제니는 이렇게 말한다.

"저는 아주 색다른 성생활을 하고 있습니다. 모두 마틴 루터 킹 주니어 박사 덕분이죠. 농담이 아니에요. 저는 남자친구인 빌과 섹스와 환상에 관해 말할 때면 정말 긴장하곤 했어요. 빌도 많이 수줍어했지요. 그래서 말을 많이 하지 않았어요. 우리는 성적으로 적극적이지 못했지만 저는 빌과 함께 많은 것을 탐색하고 싶었어요. 우리가 가진 성적 잠재력을 충분히 발휘하지 못하고 있다는 점도 알고 있었지요.

그러던 어느 날 마틴 루터 킹 데이에 집에서 쉬고 있던 중 텔레비전에서 그의 유명한 역사적 연설을 듣게 되었죠. '나에게는 꿈이 있습니다'라는 말이 제 마음에 깊이 와닿았어요. 이튿날 아침 저는 빌에게 수줍게 말했어요. '나는 꿈을 꾸었어.' 빌은 내 말을 듣고 있지 않았고 저는 다시 말했어요. '나 꿈을 꾸었는데, 아주 섹시한 꿈이야.' 빌은 그때서야 관심을 갖고 말했어요. '그래?' 저는 빌이 다른 여자와 섹스하는 것을 지켜보는 환상을 꾸며냈어요. 처음에는 말 꺼내기가 어려웠어요. 하지만 꿈을 설명하는 것이기에 생각보다 쉬웠어요. 그러니까 제 말은 우리는 꿈에 대해 책임을 지지 않는다는 거죠. 적어도 의식적으로는 말이에요. 어쨌든 우리는 둘 다 흥분했어요. 빌은 나에게 계속 물어봤어요. 직장에서도 몇 번씩 전화를 해 저는 점점 더 자신있게 말했어요.

빌은 얼마 지나지 않아 정말로 다른 여자와 하는 걸 보고 싶냐고 물었어요. 저는 잠시 생각해보고 나서 아니라고 했죠. 그건 제가 빌과 나누고자 했던 섹시한 꿈이었을 뿐이에요. 우리는 그 정도에서 끝냈어요.

그러나 때로는 정말로 해보고 싶은 성적 시도가 있어요. 그럴 때면 '섹시한 꿈' 이야기를 이용해서 어색한 분위기를 깰 수 있어요. 이제는 빌이 자신만의 '섹시한 꿈'을 꾸기 시작했어요."

'꿈'을 통해 섹시한 환상을 나누는 제니의 접근방식은 훌륭하다. 왜냐하면 비난받는다는 느낌 없이 자신의 비밀스런 욕망과 환상을 표현할 수 있는 자유를 얻었기 때문이다. 대체로 꿈대로 행동하는 것은 아니지만 제니와 빌은 만나기 전과 만나는 중에 꿈에 대해 말한다. 그렇게 함으로써 언제나 멋진 섹스를 할 수 있다. 제니가 아침마다 섹시한 꿈을 나누면 하루 종일 생각할 거리가 생기며, 그에 따라 성적 기대감이 강화된다.

제니가 빌과 함께 새로운 시도를 하고 싶을 때 제니의 '꿈'은 크게 도움이 된다. 처음으로 항문 섹스에 관심이 생겼는데 빌이 흥미를 가질지 알 수 없으면 섹시한 꿈을 지어낸다. 빌이 정말로 그렇게 하고 싶냐고 물어오면 그렇다고 대답한다. 그리고 함께 탐색해나간다.

제니는 빌의 성욕에서 확실히 변화가 찾아온 것을 알았다. 빌은 새롭게 생겨난 욕망으로 말미암아 의심할 여지없이 제니를 향한 흥분감이 고조되었다. 제니는 꿈을 나누면서 예측하기 힘들고, 대담하고, 모험을 즐기고, 탐닉하는, 조금은 위험한 존재가 되었다. 한마디로 제니는 흔들리는 다리 위에 선 여인, 심지어 암호랑이가 되었다고 할 수 있다.

'꿈'을 이용하는 기법은 자칫 관계를 껄끄럽게 만들 수 있는 대화를 시작할 때 좋은 실마리로 삼을 수 있다. 내가 인터뷰한 어떤 여성은 남편의 오럴섹스 기교가 신통치 않아 실망하고 있었다. 다른 남자들처럼 그녀의 남편도 너무 거칠고 성급했다. 그녀는 남편의 감정을 상하게 하지 않으면서 말을 꺼내는 방법을 찾기 위해 고심하고 있었다.

나는 긍정적인 환상을 통해 변화를 시도해볼 것을 권했다. 그녀는 남편에게 섹시한 꿈을 꾸었는데, 꿈속에서 남편이 부드럽게 전신에 키스하고 천천히 입으로 그녀를 희롱하여 오르가슴에 이르게 했다고 말했다. 남편은 정말 그런 것을 원하느냐 묻지도 않은 채 바로 그렇게 했다. 그리고 그날은 대단한 해피 엔딩으로 막을 내렸다.

전 세계가 무대다

"차 안에서, 바에서, 가게에서, 문 옆에서."

이것은 마치 닥터 수스(미국의 인기 작가이자 만화가로서 독특한 등장인물과 음률이 특징인 동화책을 60권 이상 만들었다 – 옮긴이)의 이야기를 연상케 한다. 아닌 게 아니라 조금만 상상력을 보태면 우리의 불량스러운 놀이를 즐길 만한 재미있는 장소는 끝없이 찾을 수 있다.

예를 들어, 다른 사람들이 있는 장소에서 눈에 띌 위험을 감수하며 벌이는 장난기 있는 노출은 대부분의 남성에게 성적 아드레날린을 분출하게 만든다. 체포되거나 크게 창피당할 수 있는 공공장소에서의 섹스와는 달리 이런 노출 행위는 잠깐 순간에 마음을 자극하고 동하게 만든다. 다음은 공개된 장소에서 과감한 행동을 한 뒤 둘만의 뜻깊은 섹스를 하게 된 사례다.

• 탈의실에서

"태미를 만나기 전에는 쇼핑을 싫어했어요. 태미는 탈의실에 갈 때마다 그곳을 엿볼 수 있는 은밀한 공간으로 만들었어요. 태미에게는 분명히 노출욕이 있었어요. 탈의실에 갈 때면 저를 불러서 도와달라고 했거든요. 사방을 겨우 가리는 얇은 커튼으로 된 탈의실은 작은 방에 불과했어요. 그리고 태미는 주말에 쇼핑하기를 좋아했어요. 주말이면 항상 사람들이 붐비잖아요. 그때는 저를 탈의실로 불러들이는데, 대개 반나체로 있거나 팬티와 브라만 걸치고 있어요. 아니면 뭔가를 벗고 있는 중이지요(한번은 완전히 발가벗고 있었는데 다른 사람들이 볼 수도 있었어요). 하지만 태미는 개의치 않아해요. 그럴수록 더 대담해지고 저 또한 흥분하지요. 어떤 때는 제 바지를 벗기려고 하는데 제가 말리지요. 태미는 저와 침대로 가고 싶어 안달하는데 그때 느낌이 좋아요. 우리 둘 다 흥분이 절정에 이르면 서둘러 택시를 잡아타고 집에 와서 섹스를 해요."

– 제프, 29세

• 레스토랑에서

“피터는 기술관련 회사의 부사장이라 우리는 고객들과 부부 동반으로 레스토랑에 갈 일이 많아요. 나는 만찬이 지루하고 귀찮았어요. 그런데 만찬에 즐거운 마음으로 따라갈 방법을 찾아냈어요. 테이블 밑으로 남편의 가랑이에 손을 올려놓고 성기를 꽉 움켜잡지요. 그리고 집에 돌아가서 내가 어떻게 할지 남편의 귀에 대고 정말 야한 이야기를 해줘요. 몇 번인가 긴장을 풀기 위해 자위행위를 해야겠다고 남편에게 말하고 화장실에 다녀왔어요. 그리고 돌아와서는 내 손가락을 살짝 남편의 입술에 가져다댔어요. 내가 얼마나 달아 있는지 냄새 맡고 맛볼 수 있도록 말이에요. 당연히 그날 만찬은 빠르게 지나갔어요.”

– 샤론, 36세

• 친구들 앞에서

“톰은 일요일 오후면 항상 친구들을 불러 축구를 해요. 그때마다 나는 민소매 티셔츠나 찢어진 청바지같이 캐주얼하면서 섹시한 옷을 입지요. 그러면 친구들은 언제나 나를 훑어보곤 해요. 친구들이 나를 야하다고 느끼면 그가 달아오르는 것 같아요. 나는 언제나 그의 옆에 붙어서 키스를 해요. 자기 친구들 앞에서 그렇게 따라다니면 자신감을 얻는 것 같아요."

-콜, 26세

• 택시에서

"집에 가는 길에 택시를 타고 뒷자리에서 노닥거리는 것보다 더 기분 좋은 일이 어디 있나요? 택시기사가 백미러로 바라보는 눈길을 느끼면 왠지 모르게 달아올라요. 나는 택시 안에서 끌어안고 키스하거나 남자친구의 바지 지퍼를 내리고 바지 속에 손을 집어 넣는 걸 좋아해요. 때로는 치마를 다리 위로 걷어올리고 눈을 감은 채 남자친구가 만지도록 해요. 한번은 택시를 타기 전에 화장실에서 팬티를 벗어 제이크에게 건네주었어요. 제이크는 완전히 흥분했지요. 아마 틀림없이 택시 기사가 실컷 훔쳐봤을 거예요. 하지만 뭐 그게 택시기사의 특권 아니겠어요?"

-사라, 31세

• 코트만 걸치고

"작년에 나는 이스트 빌리지의 빈티지숍에서 오래된 모피 코트와 펠트 모자를 샀어요. 이것들을 입을 때마다 1920년대 신여성 같은 느낌이 들어서 어떤 때는 테이블 위에서 춤을 추고 싶어져요. 코트는 무릎 바로 아래까지 오는데 섹시하고 야성적인 느낌이 들어요. 이런 느낌은 나에게 큰 의미가 있어요. 평소에 내 몸 보이는 걸 싫어하거든요. 섹스할 때도 불을 꺼야 하는 성격이에요. 적어도 전에는 그랬어요. 어느 날 한밤중에 남자친구와 함께 슈퍼마켓에 쇼핑하러 갔어요. 남자친구에게는 말하지 않고 난 코트만 입고 모자를 썼지요. 물론 하이힐을 신었고요. 시리얼 코너의 중간 지점을 지났을 때 난 재빨리 몸을 보여주었어요. 남자친구는 깜짝 놀라기도 했지만 후끈 달아올랐지요. 그리고 복도를 따라 카트를 밀면서 내 몸 구석구석을 보여주었어요. 남자친구는 내 몸을 계속 만지려 했어요. 우리는 집에 돌아와 맨바닥에서 섹스를 했어요. 불을 켠 상태에서요. 난 코트를 벗지 않았어요. 여태껏 해본 것 가운데 최고의 섹스였어요. 몇 주 후에 중고품 가게에서 이 빨간 레인코트와 장화를 살 때까지는 말이지요."

– 레슬리, 34세

• 블라인드를 올리고

"우리는 마당이 내려다보이는 브라운스톤 아파트에서 살고 있어요. 히치콕의 영화 〈이 창Rear Window〉에서와 똑같이 다른 집들이 다 보여요. 캔디스가 가끔 샤워를 하고 벌거벗은 채로 나와 돌아다니는데, 우리 침실도 다른 사람들이 볼 수 있거든요. 캔디스에게 사람들이 보고 있다고 항상 말리는데, 캔디스는 신경 쓰지 않는다 무시하면서 블라인드를 내리지도 않아요. 한번은 나를 침대로 밀치더니 내 위에 올라탔어요. 사람들이 쳐다보는 게 보인다고 해도 그럴수록 캔디스는 더 대담해지고 더욱 불타올랐어요. 그러다가 어떻게 되었는지 아세요? 나 역시 블라인드를 걷어 올린 채 섹스하는 걸 좋아하게 되었어요."

– 켄, 42세

• **침묵 속에서**

"사실 미친 소리 같지만 저는 처갓집에서 섹스하기를 좋아합니다. 아내가 지내던 침실에서 자는데 바로 부모님 방 옆이지요. 그러니 아주 조용히 해야 합니다. 침대가 삐걱거리거나 제가 소리를 내면 아내가 제 입에 손을 대고 속삭여요. '쉬, 조용히.' 때로는 제가 웃기 시작하면 아내가 손으로 제 입을 막는데, 결국은 둘이서 정신없이 웃어대요. 조용히 하려고 애쓸수록 섹스는 더 화끈해지지요. 아내는 불이 꺼져 어두운 침실에 남자를 끌어들인 반항적인 10대처럼 자신을 느낄 때 더 달아올라요."

– 하워드, 30세

• 란제리 골라오기

"남편의 사무실은 빅토리아 시크릿 매장 모퉁이를 돌면 바로 있어요. 나는 가끔씩 점심시간 전에 남편에게 전화해서 그곳에 들러 특별한 것을 골라달라고 말해요. 남편은 내가 상자 여는 것을 보고 싶어 안달이 나서 집으로 돌아오죠. 상자 안에는 언제나 망사끈 팬티나 레이스 달린 v자형 끈 팬티같이 최고로 섹시한 속옷이 담겨 있어요. 자기가 직접 골랐다는 사실 때문에 더 흥분하는 것 같아요. 남편은 내가 빨리 입어보길 바라는데, 사실은 몇 번 입어보지도 못해요."

–팜, 35세

팜은 장외 홈런을 친 것이나 다름없는데 왜냐하면 첫째 남자들은 란제리를 사랑하기 때문에 절대 질리는 법이 없다(더 말할 나위가 있을까?). 둘째 남자들은 과제 지향적이기 때문이다. 자기 남자에게 직접 란제리를 고르라는 임무를 주면 그는 여러 가지 가능성을 탐색하면서 란제리 입은 모습을 상상하게 될 뿐만 아니라 스스로 만족을 뒤로 미루면서 성적 기대감을 키운다.

• 섹스 기구 선물하기

"저와 남편은 섹스 기구에 대해 관심이 없었어요. 친구의 처녀파티에서 섹스 기구 온라인 상점 상품권을 받을 때까지는 말이에요. 그때는 대수롭지 않게 생각했는데 남편에게 상품권을 보여주니까 큰 관심을 보이며 정말로 사려는 거예요. 남편이 저한테 무엇을 가지고 싶은지 물어봐서 많이 당황했어요. 남편에게 온라인이라면 뭐든지 주문해도 좋다고 말했어요. 당신을 흥분하게 만드는 것이라면 뭐든지 좋다고 말하고 나서 나중에 무엇을 주문했냐고 물어보았어요. 남편은 비밀이라고 했는데 전 솔직히 많이 불안했어요. 전 변태 같은 사람은 아니거든요. 채찍이나 사슬, 엄청나게 큰 딜도(발기한 페니스처럼 생긴 음경 대용품 – 옮긴이) 같은 거면 어쩌겠어요? 마침내 주문 상자가 도착했을 때 저는 마치 크리스마스 아침에 선물 상자를 열어보는 여섯 살짜리 아이 같았어요. 상자 안에 무엇이 들어 있을지 전혀 짐작이 가지 않았지요. 그리고 남편이 주문한 물건에 성적으로 복종한다고 생각하니 흥분되었어요. 무엇이 들어 있었는지 궁금하지요? 그건 비밀로 해두겠어요. 하지만 이것만은 말하고 싶어요. 상품권을 받은 후로 섹스 도구를 많이 경험해봤어요. 지금은 번갈아가며 서로를 놀라게 해주지요. 제가 변태는 아니라고 한 말 기억하지요? 글쎄, 변태라는 말의 정의가 무엇일까요?"

– 제니스, 33세

서로 개인적인 환상을 탐색할 기회를 줌으로써 제니스와 남편은 쾌락과 가능성이라는 새로운 세계의 문을 열었다. 때로는 조금 저속한 깜짝 이벤트를 날마다 주거니받거니 하는 생활이 시작될 수 있다.

• 함께 포르노 고르기

"남자친구가 포르노에 빠져 있는 게 너무 화가 났어요. 난 대학생 때부터 포르노는 성적으로 미숙한 남학생들이나 보는 거라고 생각했어요. 그런데 어느 날 저녁 남자친구와 함께 동네 비디오 가게의 포르노 코너에 서게 되었어요. 남자친구는 나에게 '어때?' 하는 표정을 지었어요. 난 그냥 마음 가는 대로 '좋아, 같이 보자'고 말했어요. 재미있어 보이는 것 2개를 골랐는데 그중 하나는 〈한나가 자매들과 한다Hannah Does Her Sisters〉였어요. 남자친구와 함께 비디오를 고르는 것도 제법 재미있더라고요. 꺼림칙한 마음이 줄어들었거든요. 사실 비디오도 재미있었어요. 꽤 저속하긴 했지만 그 때문에 우리는 웃을 수 있었어요. 화끈한 면도 있었는데 내가 흥분하니까 남자친구도 덩달아 흥분하더라고요. 결국 우리는 재미삼아 비디오에 나오는 어떤 자세를 따라했어요."

— 니콜, 31세

니콜은 아주 적절하게 대처했다. 함께 포르노를 보는 것은 남자의 관심을 혼자 흥분하는 체험에서 함께하는 체험으로 바꾸어놓은 것이다. 또한 파트너와 섹스에 대해 편하게 말할 수 있는 좋은 방법이기도 하다. 〈한나가 자매들과 한다〉를 보고 나면 무슨 이야기를 나누더라도 대수롭지 않게 느껴진다.

그러나 이러한 체험이 언쟁거리가 아니라 긍정적이면서 서로에게 만족스러운 것이 되려면 애초에 어떤 우려나 거리낌이 없는지 살펴야 한다. 예를 들어 남자친구가 당신을 화면에 나오는 여자들의 대용물로 여기지 않나 걱정되고, 영상을 보면서 섹스를 하고 싶지 않다면 미리 이런 점들에 대해 의논해야 한다. 그랬을 때 함께하는 포르노 감상이 서로의 환상을 알게 만들고 영화가 끝나서도 더욱 친밀해질 기회가 된다는 점을 명심해야 한다.

• 자신만의 포르노 기획

"난 언제나 성적 자극을 갈망하지만 쉽게 싫증을 내는 타입이었어요. 나는 섹스 도구를 아주 수월하게 다룹니다. 그리고 남자친구와 함께든 아니면 혼자서든 포르노를 즐겨 봅니다. 나는 내 성생활을 해나가는 데 아무런 문제가 없었습니다. 하지만 남자친구와의 사이에서 더 극적인 요소가 있기를 원했습니다. 역할극을 통해 지배와 복종 관계를 탐색하고 싶었는데 남자친구의 마음을 열어 함께할 수는 없더군요. 그러던 어느 날 포르노 영화를 보던 중 나는 영화를 끄고는 우리끼리 더 잘할 수 있다고 말했어요. 그러자 남자친구가 관심을 보이기 시작했어요. 남자친구는 이베이에서 중고 비디오카메라를 샀어요. 디지털 기기는 언제든지 인터넷으로 유출될 수 있기 때문에 내가 원치 않았거든요. 우리는 많은 장면을 생각해냈어요. 그 가운데에는 아주 화끈한 인질 납치 시나리오도 있었지요. 그가 나를 납치해서 꽁꽁 묶고는 성노예로 만드는 거예요. 그리고 그가 자고 있을 때 빠져나와서는 그를 묶고 똑같이 성적으로 복수하는 거예요. 솔직히 말해볼까요? 영화를 기획하는 것만으로도 우리는 뜨겁게 달아올랐어요. 소품과 의상까지 준비했는데 나는 얌전빼는 상속녀 역할을 원했어요. 그를 꽁꽁 묶고 한다는 생각에 정말 흥분됐어요. 그렇게는 한 번도 해본 적이 없었거든요. 실제로 영화 촬영에 들어갈 때 난 불안해졌어요. 그래서 우리는 카메라에 테이프를 넣지 않은 채 연기만 하기로 했지요. 그 후로 두 편의 영화를 더 기획했는데 그중 하나는 실제 영상으로 촬영했어요. 하지만 나는 영화를 기획하고 연기하면서 '자극적인 변태행위'를 연출하는 일이 더 좋았어요."

–킴, 34세

'섹시한 꿈' 이용하기와 마찬가지로 영화를 만드는 것은 비난받는 느낌 없이 자신의 환상을 탐색할 수 있는 흥미로운 방법이다. 인질 납치 시나리오에 따라 영화를 만들더라도 그 주제를 다루고 있을 뿐 자신이 실제로 지배와 복종 중 어떤 성향을 지니고 있는가라는 문제와는 상관이 없다. 자신의 정체성 또는 당신에 대한 파트너의 시선이 문제 되지 않는다.

그리고 킴이 말한 것처럼 준비 과정에서 많은 즐거움을 얻을 수 있다. 어떤 커플은 실제로 섹스 영상 만들기를 즐겨 한다. 그러나 불안하거나 부담을 느낀다면 실행해서는 안 된다. 옷 입기(또는 벗기) 연출에서도 마찬가지로 큰 즐거움을 느낄 수 있다.

• 웹캠

"약혼자가 포르노 파일을 내려받다가 나한테 두 번 들켰어요. 난 무척 화가 났지요. 우리가 매우 만족스러운 성생활을 하고 있다고 생각하고 있었거든요. 우리는 매우 개방적이고 서로에게 애정을 품고 있었죠. 약혼자에게 포르노가 필요하다는 사실에 마음이 괴로웠어요. 그 즈음 나는 새 매킨토시를 샀는데 애플 사로부터 메일을 받았어요. 메일을 보니 웹캠을 아주 쉽게 설치할 수 있겠더군요. 바로 그때 좋은 생각이 떠올랐어요. 약혼자를 위해 내 인터넷 포르노를 만들기로 했지요. 나는 침실에 카메라를 설치하고 웹페이지를 만들었어요. 그러고는 회사에 있는 약혼자에게 전화를 걸어서 이 웹페이지를 확인해보라고 했지요. 남자친구가 웹페이지에 들어왔더군요. 정말이지 가슴이 뛰었어요. 난 방금 샤워를 마치고 나온 것처럼 타월을 걸치고 침대에 걸터앉아 몸을 말리는 척했어요. 그러다가 팬티와 남자친구의 잠옷 상의를 입고 침대에 들어갔지요. 난 단 한 번도 카메라를 쳐다보지 않고 태연하게 평상시처럼 행동했어요. 그러다 살그머니 진동기를 잡았지요. 전에는 한 번도 해본 적이 없었는데 엄청 흥분되더군요. 내가 일을 끝내자 약혼자가 전화를 해서 그대로 있으라고 했어요. 지금 집에 오는 중이라면서요. 약혼자는 나중에 내가 자위하는 모습을 지켜봤던 게 평생 가장 화끈한 경험이었다면서 다음에 또 그렇게 하겠다는 약속을 나한테 받아냈어요."

–라일라, 27세

최신 기술을 잘 이용해 인터넷 포르노 스타들을 능가한 킴에게 경의를 표한다. 킴은 노출과 관음이 불러일으키는 흥분과 전율의 세계를 생생하게 경험했다. 노출과 관음은 성적 환상에서 80퍼센트 이상의 비중을 차지한다. 이는 사실상 노출과 관음, 지배와 복종이라는 네 가지 주요 행위 가운데 절반을 차지하는 것이다. 이 네 극단에 대한 탐사 과정은 창의적이면서 무궁무진한 가능성을 지닌 성적 발견으로 나아갈 수 있다.

• 휴대폰 사진

"줄리는 언제나 휴대폰으로 친구들과 우리의 사진을 찍어요. 그런데 어느 날 직장에 있는 나한테 전화해서는 새로 보낸 사진들을 아직 보지 않았느냐고 묻는 거예요. 회의 중이었지만 난 바로 사진을 열어봤어요. 그런데 내가 보고 있는 것을 믿을 수 없었고 순간 얼이 빠져버렸어요. 완전히 스트립쇼 자체였어요. 줄리가 무슨 생각으로 그랬는지는 모르겠지만 아무튼 놀라웠어요. 줄리는 사진을 지워달라고 했지만 나는 사진을 더 보내주겠다고 약속하면 그러겠다고 했지요. 난 줄리가 찍은 사진을 정말 좋아하는데 사진의 각도도 그렇지만 멍한 듯한 표정을 지으면서 내내 웃고 있는 모습이 재미있어요. 사진 속 모습은 아름다움, 대담함, 그리고 수줍음이 조합되어 있는데 그 때문에 줄리를 더욱 더 사랑하고 갈망하게 되었어요. 직장에서 스트레스를 받아 머리가 아플 때면 내 귀여운 스리리퍼의 사진을 보곤 하는데 그러면 내가 세상에서 가장 운이 좋은 남자라는 생각이 들어요."

– 행크, 36세

기술을 이용해 성공한 또 하나의 사례다. 행크의 암호랑이는 뜻밖에 놀랍고도 참신한 방법을 그들의 성생활에 도입함으로써 행크를 흥분시켰다. 섹스가 침실 밖으로 나와 사무실로 들어갔고 욕망의 범위 역시 더욱 넓어졌다.

• 채팅방에서의 환상

"줄리아 로버츠 주연의 〈클로저Closer〉를 봤어요. 주드 로와 클라이브 오웬이 채팅하는 장면이 있었는데 주드 로가 젊은 여자인 척하고 있었죠. 그게 아주 재미있다는 생각이 들어서 남자친구 브라이언에게 우리도 한번 해보자고 말했어요. 물론 우리는 굉장한 장난꾸러기들에요. 우리는 2개의 채팅방을 열어 가상 인물들을 만들었어요. 와일드 블론디, 카우보이 매크로스, 킹 크림, 아프리칸 퀸 등 그 이외에도 많아요. 좀 엉뚱한 일이긴 하지만 엄청 재미있기도 하죠. 가상 인물들이 들떠서 떠들게 만드는 건 정말 흥분되는 일이에요. 타자를 치는 것뿐이지만 마음먹으면 웹캠을 이용해 섹스하는 걸 보여줄 수도 있어요. 우리가 그 정도까지 할 수 있을지는 모르지만 카우보이 매크로스와 와일드 블론디가 한바탕 노는 걸 영상으로 내보낼까 하는 이야기를 나누고 있지요."

– 에이미, 24세

서로 가까워지기 위해 기술을 이용한 에이미와 남자친구에게도 경의를 표한다. 이들이 벌이고 있는 장난기 넘치는 일의 장점은 모의 섹스가 아니라 도중에 겪는 재미와 웃음에 있다. 그 덕분에 에이미와 남자친구는 자신들의 성적 환상을 자연스럽게 함께 탐색할 수 있게 되었다.

• 에로틱한 집안일

"리사는 항상 자기 저녁식사가 끝나면 설거지를 하라고 잔소리를 해요. 난 리사가 식사하는 중에라도 일어나서 되도록 빨리 끝내려고 대충 설거지를 하거든요. 그러면서 다른 여자들은 남자가 설거지를 해주면 감동한다고 하는데 당신은 그렇지 않은 것 같다고 리사에게 말해요. 그러면 리사는 한술 더 떠서 나중에 그릇들을 검사하겠다고 하는 거예요. 정말 말도 안 돼요. 그러고는 나에게 설거지하는 법을 가르쳐주겠다고 하길래 내가 한 가지 조건만 들어주면 배우겠다고 했죠. 나체로 가르쳐달라고 말이에요. 그런데 믿을 수 있겠어요? 설거지하고 있는데 리사가 망사끈 팬티와 브래지어만 걸치고 하이힐을 신은 채 다가오며 레슨 시간이 되었다고 말하는 거예요. 당연히 난 시키는 대로 열심히 잘 닦았지요. 그리고 검사를 받았어요. 최고로 달콤한 레슨을 받았으니 설거지를 똑바로 해냈다는 것은 두말할 필요도 없지요. 게다가 좀더 확실히 익힐 수 있도록 후속 레슨을 몇 번 더 해달라고 부탁했어요."

–스티브, 37세

집안일을 두고 자주 다투기만 하지 대부분이 지루한 일상에 성적 활력을 불어넣고 일을 즐겁게 만드는 데는 좀처럼 공을 들이지 않는다. 많은 여성이 파트너가 아무 때나 섹스하자고 조른다고 불평한다("다림질을 하거나 청소하고 있을 때, 또는 다른 최악의 상황에서 달려드는 거예요"). 사실은 최악이라고 생각할 때가 남성에게는 최상의 순간으로 느껴질 수 있다. 그러니 이를 잘 활용하길 바란다. 그러면 남성들이 도움의 손길을 내밀면서 얼마나 행복해하는지 놀라게 될 것이다.

• 은밀한 곳 다듬고 면도하기

"어느 날 욕실에서 다리를 면도하고 있는데 남자친구 칼이 자기가 면도해주겠다고 하는 거예요. 그가 해주는 면도는 정말 부드럽고 색다른 느낌이었어요. 칼이 계속해도 되느냐고 물었어요. 그래도 되지만 대신 나도 면도해줄 수 있게 해달라고 했어요. 그렇게 해서 아주 아름답고 섹시한 의식이 시작되었어요. 지금은 면도를 하지는 않아요. 면도는 따갑고 내가 왁스로 제모하기를 더 좋아하기 때문에요. 대신 우리는 작은 가위를 이용해 서로 그곳을 다듬어주지요. 그럼 우리는 완전히 흥분해요. 칼은 가까이서 내 그곳을 보며 조심스럽게 여기저기 다듬을 때 엄청 흥분하죠. 칼은 내가 의자 끝에 걸터앉은 상태에서 가위로 다듬으면서 손가락 넣는 걸 좋아해요. 잠시 후 그가 일어서면 내가 칼의 그곳을 다듬어주지요. 나 역시 칼의 그곳을 다듬을 때면 흥분돼 미칠 지경이에요. 칼의 성기가 점점 단단해지는 게 손에 느껴지거든요. 우리는 바로 욕실로 뛰어들어가 자욱이 피어오르는 수증기 속에서 뜨거운 섹스를 해요."

– 셔릴, 28세

좋은 아이디어다! 음모를 면도하거나 다듬어주는 행위는 섹시하고 깊은 교감을 느낄 수 있는 경험이 되는 경우가 많다. 이것은 신뢰와 인내가 필요한 일이기도 하다. 닦아주고 크림을 발라 면도해주는 것은 매우 친밀하면서도 보살핌의 수고를 아끼지 않는 행위다. 섹시한 만남을 위해 더할 나위 없이 좋은 행위다. 깨끗이 몸단장을 하면서 조금은 추잡한 외설을 즐길 수 있지 않겠는가?

• 모델 되어주기

"약혼자 사이먼은 화가예요. 최근에 난 사이먼을 위해 누드모델이 되어주었어요. 사이먼은 아름다운 목탄 스케치 연작을 끝냈어요. 그러는 중에 우리 사이에는 에로틱한 유대감이 아주 강하게 형성됐어요. 난 그림들 가운데 하나를 벽에 걸어달라고까지 했어요. 사람들이 그림 속의 나를 알아보면 흥분을 느껴요. 사이먼은 장난기 가득한 눈으로 내가 자세를 잘 취하기 때문에 자기가 수요일 밤마다 참석하는 미술 수업에 모델로 등록해도 좋겠다고 말했어요. 그래서 사람들이 나를 쳐다보는데 그러면 자신도 흥분을 느끼는지 사이먼에게 물어보았어요. 사이먼이 그렇다고 대답해 나도 수락했어요. 나 역시 흥분될 거라고 생각했거든요. 20명의 낯선 사람들 앞에서 누드 자세를 취해본 적이 없다면 한번 해보라고 권하고 싶어요. 내가 해본 일 가운데 가장 두려운 일이었지만 한편으로 몹시 흥분되었어요. 사이먼은 나와 아는 사이라고 누구에게도 말하지 않았어요. 둘 사이의 섹시한 비밀로 남겨둔 거죠."

–셔릴, 30세

• 역할극 하기

"한번은 철물점에 들어가 물건을 찾는 척했어요. 난 속에 아무것도 입지 않은 채 아주 작고 꼭 끼는 검은색 드레스를 입고 안에 들어가서는 샤워기를 찾아달라고 했어요. 물론 가게 안에 있던 남자들 모두 찾는 걸 도와주겠다고 하면서 어떤 종류의 샤워기를 찾는지 이것저것 묻더군요. 그 때 내 남자친구가 안으로 들어와서 찾는 걸 도와주겠다고 했어요. 난 남자친구를 모르는 척했지요.

내가 계산을 하고 나서 남자친구보다 먼저 가게에서 나왔고 남자친구는 가게에 있던 남자들에게 자기가 내 집에 가서 샤워기를 설치해줄 거라고 말했어요. 남자들은 남자친구에게 하이파이브를 하면서 격려했는데, 남자친구는 그래서 더 흥분했다고 해요.

남자친구가 집에 와서는 설치해주었는데, 난 처음 만난 사이인 것처럼 행동하면서 샤워기를 정확히 어떻게 사용하고 싶은지 남자친구에게 보여주었어요. 우리는 계속 처음 본 사람인 것처럼 행동했지요. 낯선 사람과 함께 집에 들어가는 난잡한 여자인 것 같은 느낌이 들었는데, 정말 흥분됐어요."

– 수, 30세

고전적인 〈바에서 만난 낯선 사람〉 시나리오를 변형하여 멋지게 실행했다. 이 시나리오에 따르면 여자가 혼자 온 척하고 바에 있을 때 남자친구가 다가가 여자를 낚아채면 다른 남자들이 크게 실망한다. 모든 심부름은 에로틱하게 변형될 수 있다. 마트에 물건 사러 가는 일을 언제나 똑같이 되풀이할 필요는 없다.

• 세계를 돌며 80개의 침대에서

"댄과 나는 아직 세계를 여행하며 80개의 침대에서 자지는 못했어요. 하지만 우리가 아이를 갖기 전에 해보고 싶은 목표예요. 평생 한 침대에서 잘 텐데 기회가 있을 때 최대한 여러 침대에서 함께 자보고 싶어요."

–아데나, 32세

여행 채널에서 아직 본 적이 없는 쇼인 것 같다. 사실 성생활에 큰 변화를 주면서 지글지글 끓어오르게 하는 가장 쉬운 방법은 새로운 장소에서(새로운 사람은 아니더라도) 섹스를 하는 것이다. 그리고 반드시 침대에서 해야만 하는 것은 아니다. 해변, 공원, 산, 식탁은 말할 것도 없고 그 외에 정복할 곳은 끝이 없다.

• 자위행위 보여주기

"예전 남자친구는 기차나 공원같이 사람이 많은 곳에서 내가 자위하는 것을 보고 싶어 했어요. 남자친구는 도서관이나 카페 등 공공장소에서는 어디든 내 맞은편에 앉아 있곤

했어요. 그러면 난 마치 그가 없는 것처럼 혼자 자위를 하면서 오르가슴을 느꼈어요. 남자친구는 물론 다른 사람들도 볼 수 있다는 것을 알면서도 말이지요. 막 절정에 이를 때면 남자친구의 눈을 똑바로 쳐다보면서 미소를 짓곤 했지요."

– 수, 30세

자위행위하는 여성을 지켜보는 것은 남성들한테는 엄청난 일이다. 그것도 공공장소에서. 내가 아는 한 여성은 영화관에서 원격 조정이 가능한 소리 없는 소형 진동기를 이용하기 좋아한다. 그리고 리모콘을 남자친구에게 맡긴다. 아무 일 없이 그저 영화를 보는 척하면서 오르가슴에 도달하는 것이 그리 쉬운 일은 아니지만 그 상황에서 영화의 스토리를 따라가는 남자친구 역시 쉽지만은 않다.

• 영화관에서의 펠라티오

"남자친구와 난 관객이 적을 것이라 예상하고 주중에 영화관에 찾아가기를 좋아해요. 그곳에서 남자친구를 만지면서 천천히 애무하기 시작해요. 그때는 남자친구가 재킷이나 뭔가 아랫도리를 덮을 만한 것을 꼭 가져와요. 그러면 내가 몸을 엎드려 남자친구의 그것을 입 안에 넣지요. 우리는 아주 조용하고 천천히 움직여요. 그리고 기회를 보고 있다가 아주 요란한 장면이 나오면 그가 사정하도록 만들죠."

-지나, 28세

노출된 장소에서의 행위는 언제나 재미있다. 수십 명의 사람들 틈에서 몰래 할 수 있다면 오후의 정사는 매우 흥분되는 일이다.

• **스리섬 계획하기**

"남자친구 존이 다른 여자를 포함해서 나와 셋이서 하고 싶어 한다는 걸 알지만 난 내키지 않아요. 하지만 스리섬(3명이 함께하는 섹스-옮긴이)에 관해 말을 나누는 건 재미있어요. 바나 해변 같은 곳에서 주변을 둘러보며 특별히 섹시해 보이는 여자를 향해 시선을 던지지요. 그리고는 우리가 그 여자와 스리섬을 할 것처럼 말하기 시작해요. 내가 그 여자를 좋아하는 이유에 관해 말해주면 존이 좋아해요. 그녀의 가슴 때문일 수도 있고 몸짓이나 눈매 때문일 수도 있어요. 그러면 존이 그 여자와 무엇을 어떻게 할지 이야기해요. 그럴 땐 나 역시 흥분한다는 사실을 인정할 수밖에 없네요. 누가 알겠어요? 언젠가 진짜 그걸 하게 될지도 모르지요. 그때까지는 그냥 생각만 하며 즐기려고요."

-하이디, 26세

스리섬이라는 개념을 탐색하는 아주 좋은 방법이다. 스리섬을 위험스러운 일이나 갈등의 근원으로 만들지 않고 재미삼아 할 수 있는 흥미로운 게임으로 만들었다. 서로 다른 욕망을 처리하는 가장 좋은 방법은 서로간의 욕망이 수렴하도록 하는 것이다.

그의 심장이 요동치고 마음이 질주하고 있으니 침실이든 어디든 섹스할 장소로 이동할 때다. 이제 흥분을 고조시키고 유지하는 것에 관해 알아보자. 앞서 보았듯이 이미 언급한 전희 시나리오에는 육체적 자극이 포함되어 있다. 그러나 반드시 염두에 둬야 할 점은 어떤 경우에도 육체적 요소는 정신적 요소에 부차적이라는 사실이다. 그리고 성적 모험을 시작한 곳에서 반드시 그 모험을 끝내야 하는 것은 아니다.

정서적 교감을 나누는 방법

섹스는 남성이 자신의 감정을 표현하는 주된 방법이다. 남성은 섹스를 통해 "당신을 사랑해"라고 말하는데, 이를 진심으로 의식하고 느끼는 것이다. 일반적으로 여성은 친밀함을 섹스의 전제조건으로 여기는 데 반해 남성에게는 섹스가 여성과의 친밀감을 쌓는 진솔하고도 중요한 방법이다.

성적 반응 중에 있는 남녀의 뇌를 스캔했을 때 남성의 뇌는 인슐라insula(감각을 감정으로 느끼게 하고 판단과 결정으로 연결하게 하는 뇌의 영역. 감사와 분노, 자신감과 당황, 죄의식과 용서, 신뢰와 불신, 공감과 경멸, 행복과 슬픔 같은 사회적인 감정까지 관장한다 – 옮긴이)라고 하는 영역에서 더 활발한 활동을 보인다. 뇌의 이 부분은 감정을 기록하고 육체적 감각의 중요성을 평가한다. 따라서 신경학자의 관점에서 본다면, 남성은 성적 반응 과정을 감정적 반응의 과정에 더 많이 결부시키는 것 같다.

따라서 남성은 섹스를 하기 위해 사랑에 빠질 필요가 없고, 섹스하는 중에도 반드시 사랑을 느끼는 것은 아니다. 그러나 남성이 누군가를 헌신적으로 사랑한다면 그는 섹스를 통해 자신의 사랑을 표현할 가능성이 매우 높다.

어떤 남성이 파트너와 성적으로 단절된다면 감정적으로 또한 멀어지기 쉽다. 그리고 이런 상황에서 더 쉽게 부정행위를 저지를 수 있다.

남성은 또한 섹스를 감정적 갈등을 해결하기 위한 수단으로 여기는 경향이 있는데, 이 때문에 파트너가 강한 거부감을 느낄 수 있다. 수없이 많은 여성이 남자친구나 남편이 심하게 다투고 나서는 섹스를 하려든다고 불평한다.

"그는 저녁 내내 악을 써요. 그리고 잠자리에 들었을 때 내 가슴을 만지고 등에 키스를 시작해요. 나를 그토록 비참하게 만들고 어떻게 그럴 수 있지요? 뭔가 잘못된 거 아닌가요?"

그녀의 남편 이야기로는 섹스를 통해 화해하려고 했다는 것으로 이는 전혀 놀라운 일이 아니다.

마찬가지로 남성은 화해의 섹스를 뜨겁게 나눈 뒤에도 파트너가 여전히 화가 나 있고 문제가 해결되었다고 느끼는 기미가 보이지 않는 것에 당황하는 경우가 많다. 이런 경우 남성들은 대부분 이렇게 말한다.

"이해할 수 없어요. 함께 섹스를 했는데도 그녀는 여전히 나한테 화가 난 채로 마음을 풀지 않아요. 어떻게 섹스를 하고도 화가 나 있을 수 있는 거죠?"

남성은 글자 그대로 문제를 침대로 가져와 해결했다. 그러나 여성은 문제가 고스란히 남아 있다고 생각하며 쉽게 잠을 이루지 못한다.

"남편과 결혼한 지 1년이 되었고 최근에 아이를 낳았습니다. 그 뒤로 난 성욕이 줄어들었고 아직 예전처럼 성관계를 갖지 못하고 있습니다. 남편이 바깥으로 나돌다가 다른 여자를 만날까 걱정이 됩니다. 제 의심이 지나친 걸까요?"

– 사라, 34세, 전업주부

피해망상이 아니라 직관력이 있는 것이다. 일반적으로 우리는 아이를 가지면 부부가 경험할 수 있는 가장 강렬한 유대관계를 형성한다는 환상을 가지고 있다. 그러나 결혼생활에 대한 실망은 대부분 첫 아이가 태어나면서 시작된다. 수면이 부족해졌다거나 일상이 크게 변했기 때문에 부부 관계가 악화되는 건 아니다. 많은 남성이 정서적 소외감을 느끼면서 그렇게 되는 것이다.

생각해보자. 산후에 여성이 분비하는 옥시토신 수치는 어느 때보다 높아진다. 이로 말미암아 산모와 태아 사이에는 강렬한 유대감이 형성된다. 대부분의 여성은 아기와 사랑에 빠진 것 같은 느낌을 경험한다고 말한다. 이렇게 아기에 열중하는 기간은 모유 수유를 하는 동안 또는 더 오래 가는 경우도 많다.

그러나 옥시토신 수치가 높아지면 반대로 테스토스테론 분비가 억제되는 부작용이 따른다(여성도 테스토스테론을 만든다. 남성만큼은 아니지만 이 호르몬은 여성의 성욕에 큰 영향을 준다). 이에 따라 출산 후 육체적으로 회복된 뒤에도 여성은 섹스에 대해 관심이 덜 할 수 있다.

많은 새내기 아빠들이 첫 아이가 태어난 후 소외감을 느끼는 경우가 많다고 호소한다. 아빠들은 한편으로는 어느 때보다 행복하고 아이나 아내를 위해 기꺼이 목숨까지 바칠 준비가 되어 있다. 그러나 다른 한편 집안에서 쓸모없는 존재가 된 것처럼 느낄 때가 많다. 정서적으로 단절된 듯한 이 느낌은 성적 결합이 줄어들면서 더욱 증폭된다. 그렇기 때문에 가족 관계에서 우선순위를 정하고 친밀감을 유지하기 위한 방법을 찾는 것이 중요해진다. 꼭 섹스만 얘기하는 것이 아니다. 섹스와 더불어 찾아오는 정서적 결합이 남성에게 중요하다는 얘기다. 아기와 가족 전체의 안녕을 위해 정서적·성적으로 남편과 결합을 유지할 필요가 있다.

아기를 기르면서 지치고, 힘들고, 마음의 여유를 갖기 어렵다는 것은 충분히 이해할 만하다. 또 가슴은 부풀어 젖이 새어 나오고 몸에 살이 불었다는 걱정도 한다. 왜 그러지 않겠는가! 그러나 성교든, 키스든, 장난스러운 스킨십이든 남편과 성적 결합을 유지할 수 있는 방법을 찾아야 한다. 행복한 결혼생활을 유지할 수 있느냐 없느냐는 바로 여기에 달려 있다.

성적으로 지루해하거나 일상에 갇혀 있다고 느끼는 남성과 이야기를 나눠보면 언제나 섹스가 기계적이고 틀에 박힌 것이 되었다고 말한다. 좀더 자세히 말해보라고 하면 예외없이 이런 대답이 돌아온다.

"우리는 서로를 절정에 오르게 하는 방법을 알고 있어요. 하지만 문제는 정서적 교감이 없다는 거예요."

정서적이면서 성적인 결합을 유지하는 비결은 섹스 시나리오를 바꾼다거나 새로운 체위와 기법을 시도하는 데 있는 게 아니다. 그보다는 성적 결합 전후에 걸쳐 정서적으로 더욱 친밀해질 필요가 있다. 섹스하면서 형성된 정서적으로 가까워진 느낌을 생활 전반에 흘러들게 하는 방법을 찾아라.

멋진 섹스는 어떤 기교나 체위보다는 정서적 교감으로 이루어진다. 그리고 전희와 욕망의 점화에 관해 이미 살펴본 바와 같이 정서적 교감은 침실 밖에서 시작된다. 그의 마음을 사로잡고 자극하는 동안에 그의 기분을 다독여줄 몇 가지 단순한 테크닉이 있다.

20초 동안 포옹하라

커플과 상담할 때마다 나는 그들의 몸짓(서로 나란히 앉아 있는 방식, 손을 잡거나 서로 만지는지 여부)을 주의 깊게 바라본다. 그리고 무리가 가지 않는 선에서, 또 그들의 동의 하에 일어나 포옹해볼 것을 요청한다. 포옹하는 모습을 보면 둘 사이의 전반적인 관계를 쉽게 간파할 수 있다. 얼마나 오랫동안 포옹하면서 서로 접촉을 유지하는지, 그리고 누가 먼저 떨어지는지 지켜보면 흥미롭다. 대부분의 남성이 포옹 방법을 잘 모를 뿐만 아니라 교감을 강화하는 방식으로 포옹하지 않는다.

간단할 것 같지만 제대로 된 포옹을 하기란 어렵다. 그래서 그들에게 교감이 생길 때까지 포옹하기를 과제로 내주는 경우가 많다. 적어도 하루 세 번은 반드시 포옹해야 한다(출근하기 전, 집에 돌아와서, 자기 전). 다른 것은 몰라도 하루 세 번 진심을 담은 포옹을 하라.

최근 연구에 따르면 단 20초 동안의 포옹만으로도 옥시토신 분비가 상당히 증가하고 마음이 안정되고 서로 교감을 느낀다. 이 과정에 대해 흥미가 생기고 섹스 및 의학 치료에서 어떻게 적용되고 있는지 알고 싶다면 데이비드 쉬나흐 박사의 획기적인 책《정열적인 결혼A Passionate Marriage》을 읽어보기 바란다.

지금 이 순간에 충실하기

흔히 포옹하는 데 가장 큰 장애는 '삶'이라는 짐이다. 다른 사람의 행동 때문에 화가 나고, 상처받고, 스트레스를 받는다. 또 직장에서의 갈등, 장거리 출퇴근의 압박, 동료나 친구·가족과의 언쟁에서 쌓인 앙금을 지닌 채 살아간다. 그 결과 파트너와의 정서적 교감 또한 근심거리나 집중을 방해하는 하찮은 일, 의무적인 일처럼 느낀다.

삶은 결코 멈추지 않을 것이기에 세상으로부터 나아가 자기 자신으로부터 파트너와의 관계를 보호해야 한다. 다시 말하면 서로 결합하는 것 외에 다른 모든 것들에서 벗어날 시간을 따로 마련하도록 노력하라는 얘기다.

나는 바깥세상이 우리의 내밀한 삶을 침범하도록 내버려두는 것에 슬픈 마음을 금치 못한다. 우리 대부분은 텔레비전을 보거나 독서하면서 또는 서로 다른 시간대에 잠을 자면서 휴식을 취하고, 긴장을 풀고, 하루를 마무리하면서 서로 관계를 돈독히 하는 일에는 소홀히 한다.

더욱 심각한 것은 언쟁을 침실로 끌어들이는 것이다. 밤에 화가 난 상태로 잠자리에 들어서는 안 된다는 게 아니라 잠자리에서까지 언쟁을 계속해서는 안 된다는 것이다. 일상적으로 섹스를 하는 장소에서는 가능한 한 언쟁을 피하고 지금 이 순간에 충실할 수 있는 곳으로 만들어야 한다.

현재에 대한 충실감은 침실이 아니라 서로 연결되었다고 느낄 때까지 포옹하면서 얻는 감정에서 시작된다. 현재에 충실하면 과거를 떠나보낼 수도 있고 함께 있다는 느낌에 집중하면서 절정의 섹스를 경험할 수 있다.

눈을 뜨고 사랑을 나누어라

섹스 및 부부 관계 치료사인 데이비드 쉬나흐 박사에 의하면 눈을 뜨고 사랑을 나누면 신뢰와 교감, 현실감을 증진할 수 있다고 한다. 사실 정상체위가 문화를 뛰어넘어 전 세계적으로 가장 인기를 얻고 일반적으로 될 수 있었던 것은 시선접촉을 유지할 수 있기 때문이다. 이 체위는 특히 압박(골반에서 클리토리스로)이 중시되는 상황이라면 가장 강력한 섹스 체위가 될 수 있다. 그렇지만 커플이 진심으로 현재에 충실하지 않으면 가장 지루하고 만족스럽지 못한 체위가 될 수도 있다.

남성이 느끼는 가장 강력한 오르가슴에는 한결같이 보는 행위가 포함된다. 몸과 얼굴 표정은 물론 오르가슴 순간이나 때로는 오르가슴이 진행되는 동안 상대의 눈을 바라보는 것이다.

키스하라

눈을 뜨고 하는 성행위는 키스와 더불어 시작된다. 데이비드 쉬나흐 박사는 커플들에게 눈을 뜨고 키스할 때 느끼는 어색함이나 근거리의 시선접촉으로 동공이 확장되는 첫 순간의 불편함을 견디라고 조언한다. 내 생각에 포옹을 연습하는 것과 같이 친근감과 현실감을 느끼기 위해 키스를 이용하는 것이 매우 중요하다.

키스 기법에 관한 책이나 글이 많아도 서툰 키스 테크닉 때문에 불평하는 남성들이 많다. 펠라티오 테크닉의 경우도 마찬가지다. 성적 반응과 생리학적 이해에 기초한 테크닉 지식이 쓸모없지는 않다. 키스하든, 포옹하든, 입이나 손으로 자극하든, 또는 섹스하든 친밀감과 현실감, 그리고 정서적 교감을 중심으로 테크닉을 구사한다. 그렇지 않으면 테크닉과 동작에 집중할수록 자칫 두 사람이 함께 이상적으로 만들어가려고 애쓰는 체험을 느끼기가 점점 더 어려워진다.

긍정적인 느낌을 강화하라

저명한 부부 관계 치료사인 존 고트만은 일생 동안 수천 커플과 상담하며 왜 어떤 결혼은 성공하고 어떤 결혼은 실패하는지를 연구했다. 연구결과 고트만은 이렇게 결론지었다.

"행복한 결혼생활을 결정하는 것은 긍정적인 감정과 부정적인 감정의 상호작용이다. 결혼생활의 성공 여부는 상호 만족, 열정, 유머, 지지, 친절, 그리고 관대함 같은 좋은 순간들이 불평, 비난, 분노, 혐오, 멸시, 수동적 태도, 그리고 냉담함 같은 나쁜 순간들을 능가할 수 있느냐에 달려 있다."

그렇다면 어떻게 해야 가능한 일일까

"모든 커플은 행복하든 불행하든 갈등을 겪게 되어 있다. 이때 언쟁하는 동안 이루어지는 긍정적인 상호작용과 부정적인 상호작용의 비율이 결정적인 영향을 미친다."

고트만은 이 비율이 5대 1이 되어야 이상적이라고 주장했다. 살아가면서 긍정적·부정적인 상호작용을 기록하여 총계를 내는 일은 불가능하다. 그렇지만 긍정적인 느낌이 우세한지 아닌지에 관한 직감은 가능하다. 긍정적인 느낌을 확실히 유지하기 위해서는 언쟁이나 토론을 끝낼 때는 서로 교감을 느낄 때까지 포옹하고, 현실감 있게 눈을 뜨고 키스하며, 서로에게 긍정적인 말을 해야 한다.

성적 흥분을 쌓고 유지했으니 오르가슴으로 향할 순간이 왔다. 이때 전희의 목적이 남성의 머리와 마음을 사로잡는 것만 아니라 두 사람 사이를—서로의 머리와 마음을—단단히 연결하는 데 있다는 사실을 명심한다.

흥분시키기 1
: 손으로 하는 방법

당신 남자의 머리를 사로잡고 마음을 녹였으니 이제 손을 이용할 차례다. 섹스 치료사들은 보통 성적 흥분이 1에서 10까지의 범위에서 펼쳐지는 과정으로 생각해보라고 말하는 경우가 많다. 물론 최고치는 오르가슴을 얘기한다.

그러나 내 전문적 경험에 따르면 1에서 10까지의 '흥분 궤적' 개념은 남성의 일반적인 성적 흥분의 궤적을 과대평가한 것이다. 남성의 흥분은 대체로 1에서 5까지의 단축된 범위에서 펼쳐진다. 1은 낮은 단계의 흥분, 2와 3은 직접적인 성기 자극에 따른 흥분 고조, 4는 사정이 불가피한 순간, 5는 오르가슴이다.

이와 관련해 잡지 〈멘스 헬스Men's Health〉의 창간 편집자들인 스테판 벡텔과 로렌스 로이 스테인스는 《섹스: 남성을 위한 지침서Sex:A Man's Guide》에서 매우 간결하게 요약해놓았다.

"연구에 따르면 남성의 3/4이 섹스를 시작하고 수분 이내에 끝내버린다. 그러나 여성은 충분히 흥분해서 오르가슴에 이르기까지 15분 이상이 걸린다. 그리고 바로 그 지점에 분노와 슬픔, 조리기구들이 공중에 날아다니는 세상이 놓여 있다."

남성은 성적 즐거움보다는 오르가슴을 중시하는 경향이 있다. 따라서 남성의 흥분 과정을 1부터 5가 아니라 확장하여 1부터 10이 되게 하려면 우선 무엇보다도 성교시에 간과하기 쉬운 낮은 단계의 흥분에 주목해야 한다. 이는 만지기, 깨물기, 간질이기 등 성기의 본격적인 자극 없이 흥분을 쌓아나가야 함을 뜻한다. 이 지혜로운 충고가 의심스럽다면 한번 회상해보기 바란다.

옛날에 귀찮게 굴던 남자친구가 당신의 가슴이나 가랑이를 갑자기 움켜잡았을 때 본능적으로 몸을 사리고 화를 내지 않았는가? 만일 그때 남자친구가 부드럽게 어깨를 쓰다듬었거나, 목 뒤에 키스했거나, 귓가에 야한 말을 속삭였다면 아마도 상황이 훨씬 더 만족스럽게 바뀌었을 것이다.

당신의 남자에게 아랫도리나 가슴골을 살짝 열어 보이라는 얘기가 아니다(그래도 나쁠 건 없지만). 당신이 파트너를 원하는 것처럼 느끼게 하고, 마음은 편하고 몸은 들뜨게 만들라는 것이다. 분위기를 부드럽게 만들고 싶으면 남자에게 긴장을 풀고 즐겨도 좋다는 신호를 보내라.

섹스하면서 경험하는 접촉은 남성에게 특히 중요하다. 섹스가 남성에게 만지고 만져지는 것을 허용하는 유일한 상황이기 때문이다. 심지어 그 순간에도 남성은 경계심을 완전히 늦추지 못한다. 즉 남성 역시 성기 이외의 부위에 대한 접촉을 좋아하지만 성적 맥락에서 육체적 편안함을 느껴야 할 상황에서도 어색해하거나 때로는 죄책감까지 느낀다.

앞서 살펴본 대로 이런 양면성은 대체로 여러 가지 이유에서 비롯된다. 성교를 주도해야 한다는 압박감, 여성에게 굴복하거나 주도권을 놓는 것에 대한 불편함, 적극적으로 행동하고 삽입하지 못하는 데서 오는 무력감, 애무를 받고 달뜬 소리를 내고 더욱 사랑받고 싶은 욕망(전형적으로 여성적이라고 여겨지는 욕망들)에 사로잡힐 때 느끼는 당혹감 등이 그것이다.

따라서 긴장을 풀어야 제대로 흥분할 수 있다. 초기 단계에서 남성을 1단계에서 5단계로 이끌어가기 위해서는 흥분 자체보다는 안정시키는 데 집중해야 한다. 생각해보라. 스트레스가 발기를 가로막는다면 긴장을 풀어야 반대로 되지 않겠는가? 마음이 편안해야 쉽게 발기한다.

남성은 긴장하거나 불안하면 신체에 내장된 원시적인 투쟁-도주 반응의 일환으로서 혈액의 흐름이 자연적으로 팔과 다리로 향한다. 이렇게 되면 당연히 발기에 어려움을 겪는다.

반대로 긴장이 풀리면 자연스럽게 혈액이 다시 성기로 흐른다. 남성이 마사지를 받으면 곧잘 발기하는 것도 그 때문이다. 성적으로 흥분했다기보다 그저 긴장이 풀린 것이다. 이 사실을 알고 있는 안마사들은 자연스러운 발기를 성욕으로 보지 않고 자신이 일을 제대로 하고 있다는 신호로 해석한다.

남성과 여성이 공통으로 보이는 또 하나의 유사점은 남성이 느끼는 오르가슴 또한 질과 강도가 다양하다는 사실이다.

노먼 러시의 소설 《필멸자Mortals》에 아주 멋진 단락이 있다. 그것에서 화자는 오르가슴에 대한 자기 아내의 묘사, 즉 아내의 말대로 하면 "진짜 강렬한 오르가슴이 올 때의 느낌이 어떠한가?"를 전한다.

"당신은 흰 식탁보 위에 떨어진 기름 한 방울과 같다. 움직이지 않고 있던 작은 한 방울의 기름이 어느 한순간에 모든 방향으로 고르게 팽창하면서 얼룩으로 변한다. 당신은 온통 우주를 덮어버리는 눈부신 얼룩을 느낀다."

아주 강렬한 느낌이다. 남성도 여성과 마찬가지로 내가 '전방위global 오르가슴'이라고 표현하는 더욱 광범위하고 총체적인 오르가슴을 추구하는 성향이 있다. 하지만 현실적으로는 페니스에 국한된 '국부local 오르가슴'을 경험한다. 이 오르가슴은 강렬하고 달콤하지만 '전방위 오르가슴'처럼 온몸의 신경을 얼얼하게 만드는 울림은 부족하다. 절정에 이르긴 하지만 표현을 빌리자면 이렇다.

"정말로 극한의 절정에 도달하는가?"

아마 그렇지 않을 것이다. 이미 압축적인 흥분 과정과 더불어 성기에 집중된 신체 자극으로 말미암아 남성은 보통 오르가슴 순간에 높은 수준의 근육 긴장(성적인 근육 긴장)을 보이지 않는다. 골반 부근에만 성적 긴장감을 느낄 뿐이다. 그리고 그 순간에도 1부에서 살펴본 대로 골반에 형성되는 고유한 보호막으로 억제된다. 오르가슴의 본성상 그 역시 쾌락을 느끼게 하는 것은 분명하다. 〈러브 라인Love line〉으로 유명한 드루 핀스키 박사의 말을 인용해본다.

"우리에게 섹스는 피자와도 같습니다. 그렇죠? 피자 위에 멸치를 놓기도 하고 파인애플을 놓기도 합니다만 어쨌든 다 좋아요."

맞는 말이긴 해도 맛있는 피자와 아주 맛있는 피자 사이에 차이가 있듯이 그냥 절정에 오르는 것과 극한의 절정에 오르는 것에는 큰 차이가 있다.

당신의 남자가 전방위 오르가슴을 체험하기 바란다면 국지적으로 행동해서는 안 된다. 그런데도 성적 자극에 관한 한 대부분의 여성이 페니스 하나만 생각하고 행동한다.

페니스 중심의 편협한 접근방식이 횡행한 데는 여성에게도 남성만큼의 책임이 있다. 흔히 여성은 발기의 속도와 크기만으로 자신의 성적 매력을 헤아린다. 또 성적 흥분을 일으키는 방법도 주로 발기에만 집중한다.

발기하면 흥분했다고 봐도 틀림이 없다. 그러나 발기는 목적 달성을 위한 수단 이상의 것으로 더욱 광범위하고 전체적인 쾌락 시스템의 일부다. 남성의 발기만을 흥분의 지표로 삼는 것은 젖어 있는 질을 보고 여성이 섹스할 준비가 되었다고 생각하는 남성만큼이나 섣부른 짓이다. 발기는 흥분의 결과이고 분명 섹스할 수 있는 상태를 나타내지만, 그렇다고 발기에만 집중해서는 안 된다. 적어도 아직까지는.

남성이 긴장을 풀고 즐길 수 있게 하는 첫 단계는 늘 발기해야 한다는 압박감에서 해방되는 것이다. 당신의 남자가 긴장을 풀고 몸이 녹아내리는 듯한 전방위 오르가슴을 느끼게 하고 싶다면 발기 능력과 상관없이 성적 흥분의 믿을 수 없는(대부분은 새로운) 경지를 경험할 수 있음을 그에게 보여주어야 한다.

성적 흥분의 강력한 토대를 구축하고 그가 1부터 5까지의 범위에 머물게 하는 데 집중하라. 지금부터는 전방위로 생각하고 행동하기 위한 조언을 해줄 것이다.

알몸으로 만들어라

이른바 '완전한 섹스socks-off'를 하기 위해서다. 놀랍게도 많은 남성이 양말을 신은 채, 또는 옷을 대부분 입은 채 섹스하는 데 만족한다. 남성은 왜 알몸이 되는 것을 그다지 내켜 하지 않는 걸까? 단지 게을러서거나 아니면 순간의 열기에 사로잡혔거나 다 벗기 귀찮아서라고 한다. "지퍼를 내리고 바지만 허리 밑으로 내리면 되는데 굳이 그 이상 할 필요가 없지 않은가?" 하고 말한다.

바로 이러한 태도를 바꿔야 한다. 남성들은 게을러서 변함없는 구닥다리 시나리오에 집착한다. 남자들은 순간의 열정에 사로잡힌다. 앞서 얘기한 흥분 과정의 단축이다. 남성 대부분이 직접적인 성기 자극에만 관심을 가질 뿐 흥분 과정에서 몸의 다른 부분(그리고 마음)이 하는 역할을 무시한다.

옷 입은 채 하는 섹스는 폐쇄적인 섹스다. 국부 오르가슴의 완벽한 본보기다. 당신이 남자의 옷을 완전히 벗기면 당장 이 모든 나쁜 관행을 뒤엎는 것이 된다. 나아가 그 이상이 될 수도 있다. 남성이 완전히 발가벗겨지면 육체의 감수성이 커질 뿐 아니라 더욱 자유롭고, 부드럽고, 스스럼없이 쾌락을 받아들인다. 물론 얼마든지 옷 입은 채 섹스할 수 있다. 그러나 옷을 벗어야만 제대로 사랑을 나눌 수 있다.

쾌락을 즐겨라

대체로 관능적인 접촉에 관해 생각할 때면 쾌락을 받는 것보다 주는 것을 떠올린다. 여성이 특히 더 그러하다. 대부분의 여성이 남성의 쾌락을 자신의 쾌락보다 우선시한다. 많은 커플과 상담하면서 얻은 경험에 따르면 여성은 받는 것보다 주는 것을 편안해하며 자신의 '이기적' 욕망으로 파트너를 불편하게 만들기보다는 대체로 오르가슴을 가장하는 쪽을 선택한다.

하지만 여성은 자신의 쾌락을 위해 접촉, 주기 위해서가 아니라 받기 위한 접촉이 결코 이기적인 게 아니라는 점을 깨달아야 한다. 여성이 자신의 쾌락을 위해 노력하면, 즉 스스로 흥분하기 위해 행동하면 자연히 당신의 남자도 흥분한다. 따라서 당신의 남자가 느끼는 것에 신경 쓰지 말고 당신이 느끼는 것에 집중하라. 그러면 두 사람 모두 만족하게 될 것이다.

꼼짝 못하게 묶어라

당신의 남자를 꼼짝 못하게 만들어보라. 기꺼이 당신에게 복종하면서 그 상태를 마음껏 즐기도록 하면 오히려 남성은 해방감과 함께 성적인 도취감을 느낄 수 있다. 이것은 남성이 주도권을 잡는 풍토에서 살아왔기 때문이다. 그리고 여성의 성적 지배는 변태적 행동이 아니라 주도권을 가지는 데서 오는 즐거움을 얻기 위함이다. 당신의 즐거움이 곧 그의 즐거움이라는 자신감을 가져도 좋다.

남성이 묶여 있으면 당신이 통제하게 된다. 남자로서는 당신이 행동을 지시하는 동안 상대적으로 수동적인 자세를 취할 수 있는 기회다. 그는 흥분을 느끼면서 긴장에서 벗어날 수 있고, 또 자신이 행위를 주도하고 통제해야 한다는 큰 압박감에서도 벗어날 수 있다. 나는 많은 남성이 어떻게 묶이는 환상을 갖게 되었는지 수없이 들어왔다.

어떻게, 그리고 어느 정도 묶어야 하는가보다는 당신이 하고 있는 행위의 상징적 성격이 중요하다. 밖에 나가서 수갑을 사오고 싶지 않다면 브래지어나 스타킹도 괜찮다. 밴드스타킹이 특히 쓸 만하다. 남자친구의 가죽 벨트, 오래된 넥타이 등 어떤 것이라도 상관없다.

남자를 알몸이 되도록 벗길 때와 마찬가지로 그를 속박하면 그는 무리 없이 새로운 상황을 경험하고 더욱 확장된 쾌락을 받아들인다. 남성은 만지고, 원하고, 희롱하는 데서 오는 황홀한 느낌에 굴복할 것이다. 그의 몸은 속박되어 있지만 정신은 자유로워진다. 당신은 그의 온몸을 다루며 전방위적 쾌락을 이끌어내는 것이다.

남자의 온몸과 속박에서 벗어난 성감대를 아주 천천히 탐색하라. 간질이고, 희롱하고, 안달하게 만들어라. 성적 좌절감으로 애타게 만들어라. 만일 장난기 넘치는 속박의 세계에 처음 발을 들여놓는 경우라면 다음과 같은 기본적인 사항에 주의를 기울인다.

- 너무 단단히 묶어서는 안 된다. 신경이나 혈관을 다치게 할 수 있기 때문이다. 남자에게 마비되는 듯한 느낌에 주의하도록 일러준다.
- 묶어놓은 채 홀로 있게 해서는 안 된다.
- 속박하면서 역할극을 연출중이라면(억류자/포로, 여주인/하인, 교사/남학생) 유사시 즉시 행위 중단을 위해 임의로 '안전어safeword'(예를 들어 '컴쾃츠kumquats' ; 금귤의 영어 단어. 남녀 사이에 쉽게 알아차릴 수 있는 비일상적인 낱말을 사전에 합의해서 안전어로 정하면 좋을 것이다 – 옮긴이)를 정해 안전을 도모한다.

속박 행위를 끝낼 때는 포옹이든 키스든 반드시 어떤 형태로든 친밀감을 표현한다. 묶였다 풀려난 후에는 정서적으로 여린 상태가 되어 사랑받고 보호받고 있음을 느끼고 싶어 한다. 그러니 성적 통제력을 한껏 느끼고 난 후에는 한층 더 부드러운 태도를 보이는 것이 필요하다.

"남자친구와 나는 요즘 환상을 나누기 시작했는데 그래서인지 정말로 자유로워진 기분을 느낍니다. 서로 비판하지도 않고 실제 행동으로 옮겨야 한다는 부담도 없어요. 그런데 남자친구는 내가 자기를 지배하는 환상도 갖고 있어요. 내가 자기를 묶고 엉덩이를 때린다는 거지요. 정말로 그렇게 하고 싶냐고 물어봤더니 웃으며 고개를 끄덕였어요. 그 말을 듣고 보니 조금 흥분이 돼요. 환상을 나누었을 뿐 한 번도 그를 묶거나 엉덩이를 때려본 적이 없는데. 어떻게 하면 좋을까요?"

– 레이첼, 29세, 법률전문 기자

우선 환상을 이용하여 새로운 흥분의 세계에 발을 내딛고 더 만족스러운 성생활을 펼쳐나가게 된 것에 축하의 말을 전한다. 많은 환상이 실행 단계에서는 뒤틀리기 쉽다. 무엇이든 거리끼는 일은 부담을 가지면서까지 억지로 해서는 안 된다. 비난하지 않고 서로 나눈다는 그 마음이 환상을 충족시키는 일보다 중요하다.

남자친구와 지배 관계를 탐색할 때 여성들은 대부분이 주저한다. 대체로 우리 사회에서는 여성이 남성에게 순응하고 성적으로 복종하는 것이 당연하다고 생각하기 때문이다. 그런 만큼 지배하는 역할에 마음 편치 않은 것은 충분히 이해할 만하다. 따라서 어떤 지배 환상을 실행하고 싶은지 남자친구와 좀 더 자세히 이야기를 나눠보는 게 좋다. 두 사람 모두 부담을 느껴서는 안 된다. 당신이 맡을 역할에 대해 말해보자.

지배 환상은 "저를 지배해주세요. 당신이 원하는 일이면 무엇이든 하겠습니다"와 같은 식의 너무 일반적이지 않고 구체적일수록 좋다. 두 사람에게 성적으로 흥분되는 행위를 정한다. 또 흥분되지는 않아도 시도해볼 만한 행위들에 대해서도 이야기를 나눠본다.

정말 내키지 않는 행위는 제외해도 된다. 예를 들어 남자친구는 엉덩이를 맞는 환상을 품고 있지만 당신은 남자친구를 때리는 것이 불편할 수 있다. 환상에 대해 편견 없는 대화 중에 이를 알게 될 것이다. 당신이 맡을 역할과 상관없이 지배 환상의 윤곽을 잡을 수 있음으로써 성적으로 서로 더욱 친밀해질 것이다. 또 신뢰가 쌓이면서 새로운 환상을 끝없이 덧붙여 나갈 것이다.

당신은 지지와 격려를 받고 있다는 확실한 느낌이 있어야 하고, 스트레스를 받지 말아야 한다. 그리고 기대 수준이 지나치게 높아서는 안 된다. 전문가로서의 경험에 비추어보면, 환상이 실행으로 옮겨질 경우 기대만큼 성적 흥분이 충족되는 경우는 거의 없다. 특히 처음으로 완전히 새로운 것을 시도할 때 그러하다. 그러나 나는 지배 역할을 (때로는 예기치 않게) 즐겼던 수많은 여성을 만나보았다. 그 여성들은 성적 흥분 이상의 체험을 했다고 고백했다.

한 상담 여성은 결혼생활 내내 정서적으로 남편에게 종속되고, 남편이 모든 권력을 행사한다고 느꼈다. 그러나 자신이 침실에서 지배하는 역할을 경험함으로써 일상생활에서 자신감을 회복하고, 적극적으로 자기 주장을 펼 수 있었다.

반면 〈포춘Fortune〉 지 선정 200대 기업 중 한 회사의 최고 정보책임자인 남편은 통제권을 내주고 마침내 긴장감에서 해방될 수 있었다. 다루기 힘든 아내의 성적 요구를 기꺼이 만족시키면서 아내가 허락하는 만큼 자신의 쾌락을 받아들였다. 우선 남편은 자신감 넘치는 아내의 모습을 재발견하면서 흥분했다. 오래 전 경영대학원에서 만나 사랑에 빠졌을 때의 그녀를 떠올릴 수 있었던 것이다. 그들은 각자 그리고 부부로서 훨씬 더 행복해졌고, 성생활 역시 어느 때보다 만족스러웠다.

이렇게 보면 때로는 성적 환상을 실행하거나 역할극을 연출함으로써 여성이 적극적으로 행동하게 되고, 실제 생활에서도 예기치 않게 서로의 역할이 뒤바뀔 수 있음을 알 수 있다.

눈을 가려라

예기치 못한 상황과 행위를 연출하고 남성이 자신의 감각에 더 잘 적응하도록 만드는 방법이다. 남성은 흘깃 보려고 하는데 그 때문에 더 좋은 것이다.

남성은 시각적인 동물이기 때문에 눈을 가리면 긴장 상태에 놓이면서 자기 몸과 감각에 집중할 수 있다. 그리고 시간이 지날수록 점점 더 절실하게 당신을 보고 싶어 한다. 또 자극을 통해 흥분하는 경향이 강한 그의 시각을 방해하면 다른 감각들(촉각, 미각, 후각, 청각)을 일깨우는 데 효과적이다.

여러 신체 부위를 마사지하라

남성의 발, 머리, 발가락, 목 그리고 손가락을 마사지하라. 앞서 포옹 호르몬인 옥시토신이 여성에게 미치는 영향에 관해 살펴본 바 있다. 마찬가지로 남성에게도 그와 동등한 호르몬인 바소프레신(신경성 뇌하수체 호르몬의 일종으로 혈압 상승과 항이뇨작용을 한다-옮긴이)이 있다. 이 호르몬 역시 신체가 무언가에 접촉할 때 분비된다. 바소프레신은 테스토스테론을 억제하여 남성으로 하여금 차분하고, 편안하고, 타인과 연결되어 있다는 느낌을 갖게 한다. 그래서 비공식적으로는 일부일처 호르몬이라고 부른다.

테레사 크렌쇼 박사는 《사랑과 욕망의 연금술The Alchemy of

Love and Lust》이라는 책에서 이렇게 말했다.

"테스토스테론은 떠돌기를 원한다. 반대로 바소프레신은 집에 머물기를 원한다."

바소프레신은 장기적으로는 남성이 자신을 가부장으로서 의식하게 만드는 역할을 하며, 단기적으로는 접촉하면 할수록 차분해지고 당신과 연결되어 있다는 느낌을 갖게 한다. 또한 마사지는 혈액순환을 좋게 하는 효과도 있어 성적 흥분을 촉진한다.

다음 내용은 남성이 마사지에 대해 극찬한 글들이다. 그들의 파트너는 마사지를 이용하여 친밀감을 극대화했다.

"나는 발마사지를 세게 받는 걸 좋아합니다. 긴장이 완전히 풀리거든요. 발가락을 벌리고 그 사이를 문지르면서 발가락을 빨아주면 엄청 흥분돼요."

"젖꼭지를 물고, 꼬집고, 간질이고, 조금씩 물어뜯지요. 내 젖꼭지는 아내 것보다 더 예민합니다."

"손톱으로 등을 긁으면 미칠 것 같아요. 기분이 정말 좋아지거든요."

"종아리를 주물러주는 것이 좋습니다. 여자친구가 한 손으로 다리를 지그시 잡고 무릎까지 주물러줍니다."

"두피 마사지가 제대로 기운을 북돋아줍니다. 여자친구가 얼굴 위에 뜨거운 수건을 올려놓고 두피를 마사지해주면 정말 좋습니다."

남성의 몸 전체가 성감대라는 사실을 기억하며 마사지하라. 특히 귓불, 눈꺼풀, 젖꼭지 등은 민감한 신경말단으로 가득 차 있다.

골반 마사지를 제대로 해줘라

남성의 성기는 바깥으로 나와 있어 아이들조차 직감적으로 이곳을 보호한다. 은밀한 곳을 보호하려는 본능적 충동은 시간이 지나면서 불변의 내적 본성이 되고, 몸이 움츠러들다 보니 마침내 골반 전체로 긴장감이 확장된다. 루이스 슐츠 박사에 따르면, 페니스 기저에 있는 근육이 습관적으로 수축하면 이 성기를 끌어당길 수 있다.

대부분의 여성은 골반 근육에 조심스럽게 일시적으로만 접근한다. 성기의 직접적인 자극에 앞서 잠깐 스쳐 지나가는 것이다. 하지만 이곳에서 멈추어 골반 전체를 열어줄 필요가 있다. 그리고 제대로 열어주려면 전신 마사지의 기본원리를 창의적으로 골반에 적용해야 한다.

• 쓰다듬기(경찰법輕擦法): 손가락과 손바닥을 이용하여 길

게 쓰다듬는 동작이다. 미끄러지듯이 피부를 문지르면서 점차 무게를 싣는다.

- 주무르기(유날법): 주무르기, 굴리기, 당기기가 포함된다. 손가락을 몸에서 멀리 떨어뜨린 채 손바닥으로 누른다. 중간중간 손가락과 엄지 사이로 살을 거머쥔다.
- 두드리기(경타법): 빠르고 자극적으로 두드리는 동작으로, 커핑cupping(손을 우묵하게 구부려 두드리기), 해킹hacking(손을 모로 하여 두드리기), 파운딩pounding(주먹으로 두드리기)이 포함된다. 커핑할 때는 손을 우묵하게(넓은 컵모양) 만들면서 손가락에 힘을 줘서 편다. 파운딩은 부드럽게 주먹을 쥐고 손목의 긴장을 푼 채로 주먹의 옆면이나 손가락 마디 부분으로 가볍게 두드린다.
- 문지르기: 엄지, 손가락끝, 마디를 이용해 긴장된 근육을 직접 압박한다. 손가락을 근육에 살짝 댄 후 서서히 압박의 강도를 높이며 문지른다. 몇 초 동안 압박했다가 떼는 것을 반복한다.

전문 롤핑(근육이나 뼈를 둘러싸고 있는 근막을 치료하는 방법. 짧아진 근막을 풀어서 근육의 균형을 잡아주고 각 신체 부위가 제자리를 찾게 하며 뼈와 근육이 정상적으로 움직이게 하여 기능을 개선하는 요법 - 옮긴이) 요법사의 골반 마사지를 배우는 데 관심이 있다면 슐츠 박사의 아주 놀라운, 실천가를 위한 가이드인《야외에서: 완전한 남성 골반Out in the Open: The Complete Male Pelvis》을 읽어보기 바란다.

엉덩이 긴장을 풀어줘라

심하게 긴장되어 있는 남성의 엉덩이를 풀어줘야 한다. 많은 남성이 엉덩이를 만지는 것에 거부감을 보이는데, 엉덩이 긴장을 풀어주기 위해 마사지하는 것과 항문 주위를 자극적으로 마사지하는 것은 많이 다르다. 나중에 오르가슴을 더욱 깊고 강하게 만들기 위해 항문을 직접 자극하는 방법에 대해 살펴볼 것이다. 당장은 긴장을 푸는 데 집중한다.

테니스공을 이용하여 몸의 뒷부분에 생기를 불어넣을 수 있다. 남성의 등을 따라 테니스공을 굴림으로써 시원하게 마사지할 수 있다. 테니스공은 남성의 심기를 건드리지 않고 뒷부분을 탐색할 수 있는 아주 좋은 수단이다. 엉덩이 아래 반쪽을 따라 테니스공을 굴리면 손을 대지 않고 엉덩이 사이의 공간을 포함해 항문 주위의 민감한 부분, 회음과 항문까지 직접 접근할 수 있다. 적어도 당장은 파트너가 불편해할 경계를 넘지 않고도 신경섬유를 자극하고 활성화할 수 있다.

뜨겁게 달아오르게 만들어라

말 그대로다. 섹스, 특히 정력적이고 땀으로 흠뻑 젖는 섹스는 스테로이드 호르몬 즉, 욕망과 흥분을 일으키는 데 기여하는 테스토스테론과 에스트로겐과 같은 작은 분자의 생산을 촉진한다.

캐나다 온타리오 브록 대학교의 심리학자 카메론 뮤어는 섹스하며 땀을 흘리는 것과 그에 따른 테스토스테론 방출이 갖는 장점에 관해 이렇게 말한다.

"그 농도는 10배 이상 높다. 거의 여성의 성욕을 높이기 위해 의사들이 처방하는 농도만큼이나 높은 것이다."

흥분을 쌓아올리는 데 집중하는 상황에서는 남성의 발기 또는 발기에 근접한 상태에 이르게 하는 데 주의를 분산시키지 않아야 한다. 남성의 긴장이 풀리면 페니스는 딱딱한 발기가 아니라 약간 무른 듯한 발기 상태가 될 것이다. 남자가 완전히 발기하려면 직접적인 자극이 필요하다.

이를 위해 다음 단계로 넘어가자.

13 제대로 문지르기

이제는 거의 패셔니스타가 되었을 당신에게 묻겠다. 자위하는 남성을 느린 동작으로 세밀하게 관찰하면 어떻게 보일까?

1. 아마도 리듬 없는 손동작으로 자극을 주고 있을 것이다. 이 동작을 '채우기'(filling)라 부르기도 하는데, 축 늘어져 있거나 반쯤 흥분한 상태인 페니스를 가볍게 손으로 만지면 페니스에 혈액이 채워지면서 발기 상태로 전환되기 때문이다. 발기하기 위해 남성은 다음과 같이 할 것이다.

- 페니스 몸체를 가볍게 두드린다(엄지와 검지로 피아노 치는 것처럼).
- 귀두를 짜낸다(멜론이 잘 익었는지 확인할 때처럼). 그리고

음경 소대와 귀두가 페니스 몸체와 만나는 부분인 귀두관을 부드럽게 쓰다듬는다.

- 페니스 몸체를 쥐고 흔든다.
- 고환을 마사지한다. 음낭의 피부를 꼬집어 짜고, 회음과 항문 주위를 누르고, 두드리고, 쓰다듬는다.

채우기에 걸리는 시간은 남성마다 많이 다른데 시작할 때 흥분한 정도, 마지막으로 사정한 시기, 전반적인 성적 건강 상태 등 다양한 요인들에 의해 결정된다. 어떤 남성은 채우기 국면에 머물면서 발기하기까지의 과정을 즐기는 반면, 어떤 남성은 최소한의 동작으로 끝내고 더 강렬한 느낌을 즐길 수 있는 다음 단계로 바로 넘어간다.

2. 일단 조금만 발기해도 페니스를 움켜쥘 것이다. 그가 오른손잡이라면 왼손으로 페니스 밑동을 쥐고 페니스 거죽을 음낭을 향해 아래쪽으로 당길 것이다. 페니스 거죽을 팽팽히 당기면서 엄지와 검지로 고리를 만들어 귀두관 아래쪽을 둘러 쥐면 음경 소대 및 귀두가 상당히 예민해진다. 음경 소대와 귀두를 리듬감 있게 툭툭 쳐주면 혈액이 페니스로 모이면서 오르가슴에 이르는 데 필요한 성적 흥분이 고조된다. 이런 성적 흥분은 온몸에 걸쳐 나타난다.

많은 남성이 음경 소대를 치는 것을 멈추고 젖꼭지를 쥐어짜거나 몸의 다른 부분을 만진다. 음경 소대와 귀두를 위아래로 문질러 흥분이 극도로 고조되면 귀두를 단단히 잡기도 한다. 이렇게 하면 순간적으로 혈액이 귀두 밖으로 빠지면서 결과적으로 사정을 향해 가는 경로를 늦추게 된다. 반면에 성적 긴장이 높아지며 추진력이 커진다.

3. 흥분이 절정에 오르면서 기분 좋은 첫 번째 오르가슴 수축을 겪을 것이다. 대부분의 남성이 첫 번째 오르가슴 수축이 오면 사정이 불가피함을 직감하고 음경 소대와 귀두를 더 세게 마찰하고 페니스 몸체와 그 밑동을 더 단단히 쥔다.

4. 기분 좋은 오르가슴 수축이 오면서 요도를 통해 정액이 분출되는 중에도 남성은 페니스 몸체를 계속 단단히 쥐고 음경 소대와 귀두를 마사지하면서 쾌락을 극대화할 것이다. 그러다가 첫 번째 사정 후 오르가슴이 찾아오면 계속 강한 자극을 주며 정액이 더 세차게 분출되도록 노력할 것이다. 그는 음경 소대를 어루만지거나 두드리면서 마지막 한 방울의 정액까지 짜내며 쾌락을 느낄 것이다. 그러고 나면 몸의 긴장이 잦아들면서 페니스가 축 늘어지게 된다.

지금까지는 성기를 직접 자극하는 4단계의 과정이다.

1. 채우기
2. 움켜잡기
3. 사정 직전까지 어루만지고 짜내기
4. 오르가슴에 이르러 사정하면서 어루만지고 짜내기

한 남성의 파트너이자 패셔니스타로서 당신은 이 모든 것은 물론이고 그 이상을 할 수 있어야 한다. 그러기 위해서는 당신 파트너만의 독특한 흥분 과정에 익숙해지고 그의 쾌락과 오르가슴을 극대화하기 위해 각 단계에 적합한 자극 방식을 배워야 한다. 예를 들어 파트너가 너무 빠르고 거칠게 클리토리스를 자극한다고 불평하듯이 여자들 또한 성급하게도 너무 서둘러 페니스를 강하게 자극한다.

사정의 추진력을 극대화하려면 오르가슴 후에도 계속 자극을 주어야 하는데, 여성이 어루만지기나 빨기를 너무 일찍 중단하는 바람에 오르가슴이 오는 순간에 압박감이나 자극의 크기가 줄어든다는 불평 또한 흔하다. 이와는 반대로 사정하고 성적 긴장이 해소된 이후까지도 계속 어루만지는 경우도 많다.

남성들은 여성이 책에서 읽거나 누군가를 통해 알게 된 새로운 섹스 기법을 응용하려는 의도는 좋지만, 자기 남자의 독특한 흥분 궤적을 고려하지 않고 너무 기계적으로 적용하려든다고 얘기한다. 실질보다는 형식적 방법에 치중하는 것이다.

손 이용하기

완다가 나를 만나러 왔을 때 그녀는 확실히 정신이 없어 보였다. 그도 그럴 것이 약혼자 밥이 섹스가 재미없어지고 발기 유지에 문제가 있다고 넌지시 얘기했던 것이다.

고민 끝에 완다는 프랑스 하녀 유니폼과 망사 스타킹을 잔뜩 사들였고, 오럴섹스를 능숙하게 하는 방법과 포르노 스타처럼 섹스하는 방법에 관한 온갖 책들을 구해서 침실 탁자에 놓아두었다. 완다는 펠라티오를 연습하려고 죄 없는 서양 호박(이 자극을 확인하기에 가장 좋은 남근 모양의 도구라 할 수 있다)을 수십 개나 써가며 많은 시간 노력했다.

완다가 찾아왔을 때 그녀는 다양한 체위와 테크닉을 외우느라 머리가 돌 지경이었다. 그러나 완다의 노력에도 불구하고 약혼자의 흥미와 발기 능력은 점점 떨어지고 있었다.

내 느낌으로는 완다가 약혼자를 만족시키는 데만 너무 집중한 나머지 정작 교감을 나누는 것에는 소홀한 듯했다. 그래서 완다에게 약혼자가 자위하는 동안 손을 올려놓고 4단계에 걸친 그의 독특한 흥분 과정에 익숙해지라는 과제를 내주었다. 처음에 그녀는 머뭇거리며 "약혼자에게 수음을 해주라는 말씀인가요?" 하고 물었다.

흔히 그러하듯 완다는 새로운 섹스 기법과 이벤트에만 지나치게 열중할 뿐 손을 이용한 자극은 약혼자 혼자서도 할 수 있는 일로 치부하며 염두에 두지 않았다. 그녀는 사실상 처음부터 다시 시작해야 했는데, 어떻게 만져주면 좋아할지를 전문가에게, 즉 밥 자신에게 배워야 했다. 이를테면, 깊은 물속에 뛰어들기 전에 기본적인 손발 젓기부터 배워야 했던 것이다.

결과가 어떻게 되었을까? 호박이 다시 야채통 속으로 돌아갔고, 밥은 더 이상 지루해하지 않게 되었다는 사실만 얘기하겠다.

간단히 말해 자위행위는 4단계의 성기 자극에 따른 파트너의 독특한 흥분 궤적을 이해하는 데 중요한 정보를 제공한다. 하지만 '그 이상'을 해낼 수 있어야 한다고 말한 것을 떠올려라. 그 이상이라고 하는 것은 남성이 지닌 성의 물리학과 관련되어 있다. 남성은 에너지를 보존하려는 성향이 강하다. 남성은 오르가슴에 이르기 위해 필요한 긴장을 얻을 수 있을 만큼만 자신을 자극한다. 그 이상 그 이하도 아니다. 습관과 효율의 동물인 남성은 처음부터 끝까지 정해진 직선을 따라가는 경향이 있다.

남성의 자위행위 방식을 성기 자극 패턴을 이해하기 위한 기준으로 삼아 흥분 과정을 따라가면 되지만, 나아가 거기에 변화를 주어야 한다. 즉 남성의 흥분을 돋우기만 할 게 아니라 늦추기도 해야 한다. 이렇게 하면 남성이 자위행위나 일반적인 성교 때 경험하는 것보다 훨씬 더 높은 수준의 성적 긴장을 얻을 수 있다. 이런 식으로 다양하고 예측 불가능한 변화를 줌으로써 각 단계의 자극에서 남성이 느끼는 쾌락의 한도를 확장할 수 있을 것이다.

직접적으로 성기를 자극할 때

직접적인 성기 자극 테크닉을 배우는 과정에서 가장 명심할 것은 욕망과 흥분을 통합하는 일이다. 결론적으로 이런 테크닉은 영감을 주기 위한 것이지 기계적으로 따라 하는 것이 아니다. 성행위는 어떻게든 이루어지겠지만, 테크닉은 성행위를 이끌어내는 전반적인 관계와 마음만큼 중요하지는 않다. 이 점을 명심해야 한다.

통제권을 내려놓고(당신이 바라는 바이다) 편히 쉬는 것은 상황을 주도하는 데 익숙한 남성에게 가장 섹시한 경험이 될 수 있다. 파트너에게 이 점에 대해 당신이 잘 알고 있고, 그렇게 하길 원하며, 본인이 얼마나 원하는지와 상관없이 계속 해줄 생각임을 얘기하라. 그가 사정할 때가 되었다고 결정하는 순간까지 당신은 얼마든지 그런 식으로 달콤한 시간을 보낼 수 있을 것이다. 이것이 패셔니스타가 되는 방식이다.

이상적인 섹스는 정서적 욕구와 친밀감, 지성의 점화, 창조성, 감각적 쾌락, 육체적 흥분이 총체적으로 통합되는 것이다. 최상의 섹스는 이 모든 차원의 융합을 통해 이루어진다. 그가 흥분할 때 당신도 흥분하고, 급히 서두를 마음이 없고, 주도권을 내줄 생각이 없다는 점을 남성이 깨닫도록 알려줘라. 그는 기다리고, 음미하고, 즐길 것이다. 그가 원하는 것이 무엇인지 당신은 정확히 알고 있으며 한치의 머뭇거림 없이 이를 이용할 것임을 얘기하라. 그가 더이상 참을 수 없을 때까지 희롱하고, 비웃고, 깨물고, 빨고, 어루만질 것임을 당신의 남자에게 알려준다. 이렇게 실컷 가지고 놀다가 그가 말을 잘 듣고 아주 공손하게 부탁하면 적당한 때 그를 놓아준다.

• 처음 페니스를 만지면(특히 몸의 다른 부분이 충분히 흥분한 후라면) 몸 전체가 부르르 떨린다. 자신이 아닌 다른 사람이 만지면 그들은 훨씬 더 많은 양의 테스토스테론을 만들어낸다. 남성이 페니스를 어떤 식으로 만져야 하는지는 알고 있어도 스스로 만질 때의 느낌은 당신이 만질 때의 결합된 느낌, 생생함, 그리고 의외성은 따라올 수 없다.

하지만 대부분의 여성이 만지기에 시간을 들이지 않고 곧바로 페니스 자극으로 들어가버린다. 그것이 남성이 원하는 바이자 발기를 일으키고 유지하는 데 필요하다고 생각한다. 남성이 시작부터 페니스 자극을 원하고 그렇게 해서 빠르고 강하게 발기할 수 있을지라도, 패셔니스타라면 그에게 새롭고 다양한 섹스 시나리오의 제공을 목표로 삼아야 한다. 그러니 만지는 데 시간을 많이 할애하면서 남자의 반응을 살펴라.

초반부의 이러한 만져주기는 흥분과 나아가 서로 연결된 느낌을 불러일으키는 데 꼭 필요하다. 형식은 내용에서 흘러나오는 것이니만큼 열정적인 연인이 되기 위해 가장 중요한 점은 바로 열정적으로 되는 것이다.

• 부드럽게 어루만지는 것으로 시작하되 탐구적인 자세로 임한다. 이 단계에서의 목표가 남성의 발기 능력을 최대한 불러오는 것인 만큼 손이나 입, 음부 등 어떤 것을 이용하든 천천히 시작하라. 당신의 남자는 본능적으로 당신이 속도를 높이고 페니스를 잡아주기를 바랄 수도 있다. 또는 그 스스로 페니스를 잡을 수도 있다(묶기를 실험해볼 수 있는 이상적인 순간이다. 두 손을 묶어보자). 물러서지 말고 상황을 주도하라.

이 단계에서는 리듬을 타는 자극 대신 다소 산만하게 성기를 애무해야 한다. 결정적인 순간에 리듬을 타는 자극에 대한 기대감을 주되 바로 실행하지 말고 잠시 성기 자극을 늦추거나 완전히 멈춰서 서서히 다음 단계의 육체적 흥분을 향해 나가게 한다.

• 남성의 몸이 당신의 뜨거운 손길 아래 광활하게 펼쳐진 빛나는 성감대라고 생각해라. 당신은 그의 성기를 뜨겁게 달구면서 몸의 다른 부분도 달아오르기를 바란다. 페니스에만 관심을 좁히지 말고 다른 부분에서부터 페니스를 향해 길을 내면서 서로 통합이 이루어지도록 하라. 몸의 두 지점을 동시에 자극하면 더 넓은 범위의 신경말단이 활성화되고 특히 두 지점 중 하나가 페니스라면 성적인 기대감이 2배 커진다. 따라서 남성의 상체와 하체를 연결하도록 노력하라. 입술 – 페니스, 목 – 페니스, 젖꼭지 – 페니스, 귓불 – 페니스를 이를테면 성감을 높여주는 열정의 고속도로라고 생각하면 좋다.

손으로 자극하기

• 남성 옆자리에 편히 누워 페니스 위에 손가락을 올려놓는다. 성기 전체를 골고루 가볍게 어루만진다. 꽉 쥐거나 움켜잡지 말고 손가락끝으로 가볍게 문지르거나 간질이거나 아주 부드럽게 긁는다.

• 한 손으로 고환을 부드럽게 감싼 후 잠시 멈춘다. 고환을 감싼 채 손가락으로 페니스 아래쪽과 음낭이 만나는 부분을 섬세하게 마사지한다. 고환을 감싸고 있는 동안 앞서 말한 대로 상체와 하체 자극을 연결하는 데 집중한다. 즉 아랫 입술에 키스하고 깨물거나, 귓가에 야한 말을 속삭이거나, 다른 손으로

머리를 쓰다듬거나, 젖꼭지를 핥거나 키스한다. 이러한 '채우기' 행위를 하면 혈액이 그의 성기로 흘러들어가면서 발기하는 것을 느낄 수 있다. 페니스를 자극한 후에는 손으로 고환을 감싸는 자세로 돌아가야 한다. 그러면 접촉을 유지하면서도 강한 자극을 잠시 중단할 수 있다.

• 페니스로 돌아와 이번에는 손가락끝으로 더 지긋이 누른다. 당신이 부드럽게 진흙을 빚고 있는 도예공이라고 생각하자. 페니스 몸체를 손가락 사이에 끼워 부위를 바꿔가며 쥐고 자극한다(옆면, 윗부분과 아랫부분, 음낭과 만나는 부분, 음경 소대를 포함하여 귀두 아래쪽).

• 손톱의 평평한 부분으로 페니스를 누른다. 다른 형태의 압박과 질감은 수용기관에 대한 자극에 변화를 줌으로써 다양한 쾌감을 느끼게 한다.

• 음경 소대를 자극하면 몸이 긴장하면서 엉덩이가 들썩이고 케겔 수축(1부에서 설명한)이 일어나는 것을 보게 될 것이다. 음경 소대는 흔히 '달콤한 지점sweet spot'이라고 불리는데 많은 남성이 이곳을 페니스의 가장 민감한 부분으로 느낀다. 그래서 자위행위를 하면서 가장 많은 자극을 준다. 이곳을 가볍게 간질인다. 귀두 끝에서 시작하여 한 손가락으로 귀두 밑부분 전체와 음경 소대를 어루만진다. 고양이의 미간을 쓰다듬듯이.

입으로 자극하기

• 채우기 단계에서 입을 이용할 때는 빨기보다는 키스하고, 핥고, 깨무는 것이 좋다.

• 다시 얘기하지만 손동작과의 연계, 상체와 하체 자극의 결합을 염두에 둔다. 손으로 남자의 고환을 감싸거나 배꼽 바로 아래 민감한 피부를 쓰다듬는다. 그리고 무엇보다도 얘기를 나누고 눈을 마주쳐라. 육체의 흥분은 그와 함께하고자 하는 욕구가 없으면 아무것도 아니다.

• 손동작과 가벼운 키스를 병행한다.

• 페니스 몸체를 살짝 깨문다. 절대 세게 물어서는 안 되며 앞서 손톱의 평평한 면을 갖다대듯이 이로 지긋이 누른다.

• 한 손으로 페니스를 들어올려 살짝 깨문다. 꽉 쥐거나, 쥐어짜거나, 강하게 마사지해서는 안 된다. 손은 페니스를 들어올리는 데만 이용하면서 접시에 머리를 대고 과자를 먹는 듯한 자세로 살짝 깨문다.

• 혀를 이용한다. 몸체에서 소대까지 아이스크림을 핥듯이 한 번에 핥으면 남자의 몸이 부르르 떨릴 것이다. 너무 규칙적으로 핥지 말고 예측할 수 없게 되는 대로 핥는다. 이 단계를 지나면 본격적인 자극이 시작된다.

• 한 손으로 페니스 밑동을 잡고, 혀로 요도와 페니스 끝을 누른다. 혀 끝과 페니스 끝을 일직선으로 잇는다. 그리고 나서

천천히 귀두를 입 안에 넣기 시작하여 귀두가 끝나는 부분(귀두관)에 가서 멈춘다. 절벽 끝에 도달했다고 생각하라. 빨지 말고 그냥 귀두를 입 안에 넣고 따끈한 혀로 적신다. 그러면서 손가락으로 페니스 몸체를 부드럽게 위아래로 어루만진다.

외음부로 자극하기

• 페니스를 이용해 자신의 클리토리스를 자극해보자. 남성 옆에 나란히 누워 눈을 마주 본다. 손으로 페니스를 잡아 귀두로 살짝 음순과 클리토리스 머리를 마사지한다. 귀두의 윗부분을 이용해 자극하되, 남성이 당신보다 키가 크고 눈을 마주 본 상태라면 너무 세게 자극해서는 안 된다. 당신이 남성에게 하는 방식을 스스로에게도 적용해야 한다. 즉, 클리토리스를 규칙적으로 반복해서 문질러 자극하는 것은 일단 보류한다. 그보다는 귀두와 클리토리스 머리를 접촉한 상태의 유지에 초점을 맞춘다.

페니스를 질 속에 넣으려면 앞서 입을 이용한 테크닉과 마찬가지로 귀두만을 넣도록 한다. 귀두관을 넘기면 안 된다. 남자가 밀어 넣으려고 하면 그렇게 하게 두어서는 안 된다. 필요하면 귀두 바로 아래의 페니스 몸체를 살짝 붙잡아 깊이 넣지 못하게 한다. 이 자세에서 귀두를 클리토리스 머리에 댄 상태에서 상체의 접촉에 신경 쓴다. 키스하면서 귀두와 클리토리스 머리를 접촉한다. 그러면 두 사람의 상체와 하체의 머리가 서로 접촉하는 상태가 되는 셈이다.

• 위와 같은 자세에서(나란히 얼굴을 마주 보고) 페니스를 수평이 되도록 아래로 살짝 밀어 외음부와는 수직이 되도록 한다. 이제 몸을 그에게 가까이 움직여 음순과 질구를 페니스 몸체 위쪽에 대고 누른다. 마치 음경 위에 올라탄 것 같은 모양새다. 이 자세에서 음순이 페니스 몸체의 윗면을 감싸면서 위에서 누르게 된다. 클리토리스 머리는 남자의 골반뼈 위에 자리잡게 된다. 이 상태에서 가만히 있으면서 눈을 마주친다. 키스하고, 껴안고, 품에 파고들고, 말을 걸고, 애무한다. 성기를 찔러 넣는 것을 제외하고는 무엇이든 좋다. 당신 자신도 흥분하고 성적 긴장 상태를 쌓아 나가자. 이 자세에서 다리를 교차하여 허벅지 안쪽에 페니스 몸체를 놓고 압박한다.

너무 흥분하면 잠시 쉬게 한다

• 성기 자극의 첫 번째 단계는 보통 빠르게 지나가게 마련이다. 리듬을 타는 자극으로 급히 나아가려는 경향이 있기 때문이다. 그렇게 되면 흥분이 고조되면서 오르가슴을 피할 수 없는 지경에 이른다. 각 단계에서 머무를 수 있는 방법을 생각해보자. 위에 소개된 테크닉들은 일반메뉴로서 이용하되 시간을 들여서라도 각 요리를 충분히 음미해야 한다.

• 남성을(그리고 자신을) 기쁘게 하면서 각 테크닉을 끝낼 때마다 귀두를 꽉 쥔다. 위로부터 귀두에 접근해 귀두 끝이 손바닥 중앙에 오도록 한 다음 손으로 살찐 귀두를 감싸 한 번 단단히 압축한다. 이렇게 해야 페니스 끝에서 혈액을 밀어냄으로써 사정을 억제할 수 있다. 남자를 기분 좋게 한 뒤에는 습관적으로 귀두를 압축하라.

• 흥분 과정에서 남자가 어디쯤 와 있는지를 아는 것이 중요하다. 남자가 기를 쓰고 앞으로 나아가려 하고 있는가, 아니면 지금 단계에 머물며 즐기고 있는가? 그가 '채우기' 단계에 있는가, 아니면 리듬을 타는 반복적인 자극으로 넘어가야 할 때인가? 남성의 리듬과 속도, 그만의 흥분 과정을 따라야 한다.

남성이 매우 흥분해 있으면(그럴 가능성이 크다) 페니스를 한 번 꽉 쥐어 압축하자. 그런 다음 직접적인 성기 자극을 중단하고 무언가 다른 행위(키스나 귀에 대고 속삭이거나 마사지)를 해야 한다. 희롱하면서 애가 타게 만들고 꼼짝 못하도록 만들어야 한다. 아랫도리로 내려가 만지고, 핥고, 손가락으로 항문을 부드럽게 쓰다듬는다(그가 허락하면). 그리고 언제나 그가 당신을 기쁘게 하도록 하라. 또는 당신이 스스로 즐기는 것을 그가 보게 만들어라. 그리고 한 번만 더 핥아달라고 애원하게 만들어라.

당신의 남자가 다음 단계로 넘어갈 준비가 되었을까? 이런 질문을 던져보라.

"완전히 발기되었는가?"

"페니스에 혈관이 보이는가?"

"PC근육이 수축하는가?"

"리듬을 타는 자극을 원하는가?"

"성적 흥분으로 몸이 긴장되기 시작했는가?"

"당신은 흥분했는가? 더 나갈 준비가 되었는가?"

• 그의 흥분 온도를 시험해보라. 손으로 페니스를 만지며 약 10초간 채우기 행위를 한다. 쓰다듬으며 기분 좋은 자극을 준다. 그런 다음 페니스를 잡고 한두 번 빠르게 아래에서 위로 쓸어올린다.

그가 엉덩이를 들썩이는가? 그의 심장 박동이 갑자기 불규칙하게 뛰는가? 심한 골반수축으로 페니스가 까딱거리는가? 그렇다면 이제 다음 단계로 넘어갈 때가 되었다.

흥분시키기 2
: 리듬을 타며 자극하는 방법

이제 거의 때가 되었다. 하지만 아직 남자에게 통제권을 내주어서는 안 된다. 남자의 리듬에 민감하게 반응하며 맞춰가야 하는 건 맞지만 그것에 압도되어서는 안 된다.

끝에서 두 번째에 해당하는 이 중요한 단계에서는 남성의 온몸에 긴장을 쌓아올리고 확대하는 데 집중해야 한다. 이를테면 당신은 국지적으로 생각하면서 행동은 전방위적으로 해야 하는 것이다. 남성의 국부에 쏠리는 흥분 상태에 적절히 대응하면서 돌이킬 수 없는 지점에 얼마나 근접했는지 신경을 써야 한다. 당신이 잘 자극하여 남자의 몸 전체에 더 많은 쾌락이 퍼질수록 그는 녹아내릴 것 같은 더욱 강렬한 오르가슴을 맛보게 됨을 기억하라.

• 불규칙적이면서 자연스럽게 자극하며 간간이 페니스 전체(몸체와 귀두)를 아우르며 리듬을 타는 강한 자극을 준다.

• 리듬을 타는 자극은 점차 늘려가고 리듬 없는 자극을 주는 시간은 줄인다. 리듬을 타는 자극 단계로 전환할 때 처음에는 두 가지 자극을 10대 1의 비율로 준다. 예를 들면 약 10초 정도 리듬 없는 자극을 주다가 페니스를 잡고 리듬을 타면서 위아래로 두 번 강하게 쓸어준다. 그러고 나서 이 비율을 점차 5대 1로 변화시킨다. 마지막에는 리듬 없는 자극은 피하고 천천히 리듬을 타는 자극만 가한다.

이 단계에서 꼭 염두에 두어야 할 사항은 불규칙적으로 되는 대로 쓰다듬고 어루만지고 핥고 깨무는 동작에서 서서히 리듬을 타는 자극으로 전환해가는 것이다.

• 남자의 흥분 단계에 주목한다. 남자가 흥분해서 사정이 불가피한 지점에 근접해가는 것은 좋지만 아직은 그 지점을 넘겨서는 안 된다. 흥분의 절정에서 오랫동안 머물게 할수록 더욱더 만족스러운 오르가슴을 경험하기 때문이다.

• 성기에 대한 자극방식을 전환하면서 남성을 흥분의 도가니에 몰아넣기 위해 앞서 '너무 흥분하면 잠시 쉬게 한다'에서 소개한 방법을 이용하면 좋다.

• 항상 눈을 마주치고, 말을 걸고, 당신의 행위가 마음에 드는지 물어본다. 이 상태에서 좀더 머물겠다고 남성에게 말해

주고, 지금 당신이 통제하고 있고 그렇게 하는 것을 당신이 좋아한다고 알려줘라. 그리고 남성이 마음껏 즐기도록 해준다. 긴장을 완전히 풀고 몸을 맡긴 채 편히 쉬면서, 당신이 만지고, 빨고, 쓸어주고, 명령하고, 키스하고, 미소 짓고, 찰싹 때리고, 깨물어주는 느낌을 경험하게 해준다.

손으로 자극하기

• 처음에는 단순히 잡고 쥐는 데만 초점을 맞춘다. 편한 자세를 취한 후 페니스 밑동을 단단히 잡는다. 힘 주는 것을 두려워하지 마라. 너무 꽉 쥐면 남자가 먼저 말할 것이다.

여성이 너무 힘을 주면 아프지 않을까 걱정하지만 걱정과는 반대로 많은 남성이 흥분이 고조되는 와중에 꽉 쥐어주지 않는다고 불평한다(우리 문화에서는 여성들은 질이 느슨해지는 것을 걱정해 자신을 질타해가며 케겔운동을 하고 심지어 질을 조이기 위해 최신의 질 회춘수술을 받기도 한다. 이러한 현실에서 그 목적을 위해서라면 손으로 정확한 위치를 잡을 줄 아는 것이 더 효과적일 것이다).

• 다른 손의 엄지와 검지로 귀두관 마루 아래 움푹 들어간 골에 있는 음경 소대를 둘러 잡는다.

• 귀두관 마루에서 시작하여 페니스 밑동까지 어루만지고 다시 위로 돌아온다. 처음에는 느리고 부드럽게 한다.

• 동작에 변화를 준다. 페니스 전체를 자극하는 긴 동작에

서 음경 소대에 국한된 짧은 동작으로 전환한다. 많은 남자가 자위행위 할 때 짧고 빠른 동작으로 오르가슴에 도달한다.

• 이제 윤활액을 첨가할 때다. 특히 손으로 자극하는 것에 주목한다면 말이다. 질에서 나오는 자연산 윤활액이 좋지만 충분치 않다면 수용성 윤활액이 최선이다. 지용성 윤활액은 라텍스와 함께 쓸 수 없고 준비해둔 안전한 섹스를 위한 도구와 함께 쓸 경우 질염을 유발한다. 실리콘성 윤활액은 수용성 윤활액보다 오래 지속되지만 씻어내기 어렵고 실리콘과 같이 사용할 수 없다(따라서 다른 많은 섹스 도구와도).

• 윤활액을 바르는 가장 단순한 방법은 손에 묻혀 비비고 행위에 착수하는 것이다. 윤활액은 적게 바를수록 좋다. 수용성 윤활액은 빠르게 말라버리기 때문에 튜브를 침대 가까이 두어야 한다. 윤활액을 너무 많이 바르면 미끄러워서 지나치게 빠른 자극을 줄 수 있다.

윤활액을 이용하는 다른 재미있는 방법이 있다. 당신의 배 위에 윤활액을 떨어뜨리고 남자가 페니스로 문지르거나 가슴 사이에 윤활액을 흘리고 남자가 페니스를 비비는 동안 두 가슴으로 압박하는 것이다. 배 또는 가슴 사이에 비비는 방법은 매우 인기 있지만 남자가 오르가슴으로 돌진할 위험이 있으니 주의한다.

• 일단 윤활액을 바르고 나서는 천천히, 그리고 강하게 어

루만진다. 밑에서 위로 귀두까지 쓸어올린다.

• 쥔 손을 느슨하게 풀고 귀두 꼭대기까지 위아래로 활발하게 살짝 스치기를 반복해도 된다.

• 경험의 법칙: 손을 풀었을 때 쓸어 오르내리는 속도가 빨라지고 쥐었을 때는 속도가 느려진다. 성기 자극이란 마찰과 압력 사이의 관계나 다름없다. 남자들은 자위행위를 할 때 둘 사이에서 최적의 균형을 찾는 경향이 있는데, 흔히 오르가슴에 질적인 변화를 주기 위해 한쪽을 다른 한쪽보다 강조하기도 한다. 더 길고 강하게 어루만지면 더 깊은 오르가슴에, 더 짧고 약하게 만지면 더 민감하고 자극적인 오르가슴을 느낀다. 두 경우 모두 오르가슴의 강도는 세다.

남자가 오럴섹스나 성교시 거칠게 밀어 넣는 한 가지 이유는 마찰과 압력이 충분치 않아서 이를 보상하기 위함이다.

• 윤활액을 바른 두 손 사이에 페니스(귀두와 몸체)를 넣고 손을 따뜻하게 할 때처럼 비빈다(가슴으로도 똑같이 할 수 있다. 가슴골에 윤활액을 바르고 가슴을 모아 귀두와 몸체를 위아래로 비빈다. 앞서 말했던 리듬 없는 자극과 리듬을 타는 자극의 비율에 따른다).

• 손이 약간 마르면 페니스를 두 손으로 부여잡고 젖은 타월을 짤 때의 동작으로(힘은 주지 않고) 비튼다.

• 페니스 밑동 쥐는 것을 잊지 않는다. 페니스 밑동을 쥐면 페니스에 유입된 혈액이 빠져나가지 않게 함으로써 오르가슴

의 질과 강도를 높일 수 있다. 한편 손가락을 이용해 고환을 부드럽게 마사지하거나 회음을 누르거나 항문 주위를 쓰다듬는다. 언제든지 잡은 손을 풀어서 상체를 애무할 수 있으나 적당한 시점에 페니스로 되돌아가는 것을 잊지 마라(남성이 잊지 않게 해줄 것이다).

• 남성을 기쁘게 하기 위해서는 꼭 쥐어 자극하다가 때때로 놓아줘라. 특히 리듬을 타는 자극 단계에서는 이것이 더욱 중요하다. 자극을 계속하다 보면 쉽게 오르가슴으로 향하기 때문이다. 꼭 쥐고 자극하다가 쉬게 해주면 돌이킬 수 없는 지점에 근접해가면서도 선을 넘지 않을 수 있다.

다른 방식의 자극으로 전환할 때는 잠시 직접적인 성기 자극을 완전히 중단한다. 그때 희롱하기, 묶기, 음란한 말 하기를 함께 구사하며 남성의 애를 태운다. 또는 남성이 페니스나 혀를 이용해 당신의 섹스 노리개 역할을 하게 만든다.

행위를 잠시 멈추고는 그가 안달이 나서 애원하게 만들겠다는 것과 당신이 충분한 만족을 얻을 때까지 그를 구속하고 통제하겠다는 당신의 의지를 알려준다. 당신과 당신의 남자를 번갈아가며 자극하라. 그를 가까이 두고 접촉을 유지하되 사정을 피할 수 없는 지점을 넘지 않게 한다.

입으로 자극하기

• 리듬을 타는 자극 단계에서 손과 더불어 이용할 수 있는 가장 강력한 수단이 입이다. 페니스의 가장 민감한 부분인 귀두와 소대를 입으로 마음껏 자극할 수 있다.

• 페니스 몸체를 쥐어잡은 채 입술로 도장을 찍듯이 귀두 윗부분에 살며시 댄다. 당신의 머리를 음경 소대 위에서 위아래로 까딱까딱 움직이면 자연스럽게 빨려 들어오는데, 그 느낌이 어떤지 알아볼 수 있다. 이것을 좋아하는 남성도 있지만 불편하게 느끼는 사람도 있다. 물론 별로 개의치 않는 남자들도 있다.

• 혀를 음경 소대에 대고 손으로 몸체를 잡아 위아래와 앞뒤로 움직인다. 음경 소대를 한껏 사랑해준다. 페니스 몸체를 꼭 잡은 채 천천히, 그리고 섬세하게 핥는다. 당신의 손을 압력이 증가하고 있는 혈압계 밴드라고 생각하라.

• 두 손가락으로 페니스 밑동을 잡고 페니스에 입을 댄 후 당신이 거북함을 느끼지 않는 한도 내에서 최대한 깊숙이 입속으로 집어 넣는다. 무리가 갈 만큼 너무 깊숙이 넣을 필요는 없다. 물론 당신이 좋아하거나 남자가 좋아한다고 느끼면 그렇게 해도 된다. 그러나 목까지 깊숙이 넣지 않아도 손과 입으로도 그만한 자극을 쉽게 느끼게 할 수 있다.

남성에 대한 조사연구에 따르면 페니스를 여성의 목까지

깊숙이 넣는 것은 변화나 환상을 추구하는 과정에서 그냥 한번 해봤으면 하는 것일 뿐 희망사항 목록에서 상위를 차지하는 테크닉은 아니었다.

• 당신의 남자를 자극하느라 조바심 나고 불편함을 느낀다면 이는 결코 그가 원하는 바가 아니다. 그보다 중요한 것은 당신이 전 과정을 통해 행위를 멈추지 않고 적절히 이어나가는 것이다.

• 대부분의 여성이 남성에게 오럴섹스 해주기를 싫어하지 않는다. 단, 목이 막혀 구역질 날 정도만 아니면 말이다. 여성은 친밀함과 연결감을 느끼기 좋아하고 자신의 행위가 남성에게 영향력을 미치기를 바란다. 그리고 자기 남자에 대한 느낌이 강렬할수록 자신의 행위를 더욱더 스스럼 없어 한다.

여성이 펠라티오에 관해 거리낌을 느끼는 것은 대체로 다음의 경우다. 청결에 대한 걱정, 구역질에 대한 두려움, 정액을 삼키는 것에 대한 불편함(육체적 또는 정신적) 등이다. 그러면 남자를 청결하게 하고, 불편함을 느끼지 않을 만큼만 페니스를 입 안에 넣고, 꺼려진다면 정액을 삼키지 않으면 된다. 남자는 별로 개의치 않을 것이다.

개중에는 남성이 너무 흥분한 나머지 거칠게 깊숙이 집어넣어 목이 막히지 않을까 걱정하는 여성도 있다. 그렇게 난폭하게 하는 것은 이루마티오라고 하지 펠라티오라고 하지 않는다. 펠라티오는 당신의 입이 페니스 위아래 또는 앞뒤로 움직이면서 이루어진다. 당신이 주도하면서 리듬과 속도, 그리고 강도를 통제할 수 있다. 이루마티오의 경우 남자가 입 안에 페니스를 넣고 앞뒤로 들고 난다.

오럴 자극이라면 어떤 경우에도 남녀 모두가 조금씩은 관여하게 되어 있다. 그러나 분명한 것은 대개는 당신이 주도해야 한다는 것이다. 그리고 남성은 자극(마찰 또는 압력)이 있으면 흥분을 유지하기 위해 앞뒤로 들썩이는 경향이 있다는 점도 잊지 마라.

정액을 삼키는 것에 대해 살펴보자. 남성은 오르가슴을 느낄 때 지속적인 자극을 원한다. 반면 여성들은 남성이 오르가슴이 일어나는 순간 멈춰버리는데 사실 계속 자극을 주는 게 필요하다. 정액을 삼키게 함으로써 자연스럽게 자극을 유지할 수 있기 때문에 남자들이 좋아하는 것이다.

그러나 내키지 않는다면(많은 여성이 내켜 하지 않는다) 손가락, 가슴, 혀 등으로 계속 자극을 주어 남자의 쾌감을 극대화할 수 있다. 남성은 갖가지 방법으로 오럴섹스 받기를 즐긴다는 사실을 이해하는 것이 중요하다.

성적으로 만족하는 데는 많은 경로가 있으며 반드시 한 가지 방법이 다른 것보다 더 낫다고 할 수는 없다. 오히려 매번 같은 경로를 취하는 습관에서 벗어나는 게 바람직하다. 쾌락의 원리를 이해하고 주저함 없이 남자의 쾌락을 불러일으키는 새롭고 창조적인 방법을 계속해서 찾아야 하는 것이다. 무엇보다 당신의 흥분과 통제권이야말로 성적인 상호작용에서 가장 에로틱한 요인이 될 것이다.

삽입 성교

• 지난 단계에서 그랬듯이 페니스를 진동기 또는 인공 남근처럼 이용한다. 나란히 누워 얼굴을 마주하고 눈을 맞춘다. 그 상태에서 페니스를 손에 쥐어 음순과 클리토리스 머리를 마사지한다. 그리고 즐거움을 누려라. 쾌락을 주기보다 받는 데 치중하여 자신을 흥분시켜라. 당신의 기쁨을 위해 남자의 몸을 이용하라. 당신의 흥분 상태를 남자의 흥분으로 이어지게 하는 게 포인트다. 섹스 시나리오를 통제하면서 자신의 쾌락을 챙겨야 한다. 쾌락을 주는 것은 상대적으로 쉽지만 받는 일은 흔히 많은 여성에게 훨씬 더 큰 과제다.

• 미끄럼을 타라. 이를 '대퇴부 성교'라고 한다. 페니스 몸체에 윤활액을 바르고 올라간다. 음순으로 페니스 아랫부분을 감싼다. 몸체를 타고 천천히 위아래로 미끄러진다. 몸을 앞으로 기울여 클리토리스를 자극한다.

• 나란히 누워 음부와 수직이 되도록 페니스를 놓는다. 음순으로 페니스를 위쪽에서 감싼다. 위에서 설명한 대퇴부 성교

에 변화를 주는 한 가지 방법은 당신의 다리를 조인 다음 클리토리스 머리를 남자의 골반에 대고 누르는 것이다. 다시 손가락으로 페니스를 제자리에 놓는다. 남자가 당신의 다리 사이로 돌진하게 한다. 그 사이 당신은 남자의 엉덩이를 붙잡고 어루만진다.

• 남성 위에 올라가서 귀두 끝만 살짝 삽입할 수 있게 한다. 살짝 미끄러져 내려가면서 귀두관까지 귀두 전체를 감싼 자세를 유지한다. 이제 귀두관을 넘어 음경 소대까지 내려왔다가 다시 귀두관을 지나 귀두의 살찐 부분까지 올라간다. 작고 느린 동작으로 진행하면서 귀두관을 타고 오르내리는 느낌에 집중한다.

• 위 또는 옆에서 한 차례 깊이 삽입해 적어도 10초간 그 자세를 유지한다. 클리토리스를 남자의 골반뼈에 밀착시키고 마사지한다. 이제 천천히 페니스를 빼낸다. 앞서 살펴보았던 펠라티오 테크닉처럼 당신이 주도하여 이끌고, 당신이 삽입하고 밀어 넣는다는 사실을 명심한다. 자세(당신이 위에 있거나 아니면 나란히)에 유의하는데, 당신이 높은 수준의 통제권을 행사할 수 있는 자세여야 한다.

• 깊이 삽입하고 나서 뺄 때에는 골반 근육을 조이면서(케겔 운동을 한다) 페니스 주위의 질을 조인다.

• 남자가 위에 오도록 하고 같은 행위를 반복한다. 남자가

삽입하면 가만히 있으라고 말하고 당신이 PC근육을 리듬감 있게 수축하며 페니스 주위를 조인다. 남자의 엉덩이에 손을 올려놓고 동작을 통제한다. 잠시 멈추었다가 클리토리스를 그의 골반에 대고 누른다. 남자의 엉덩이를 마사지하면서 그 사이를 조금 벌린다. 남자의 회음을 누르고 바깥에서 그의 전립선을 자극한다. 남성에게 말을 하거나 살짝 밀치면서 천천히 빼게 하고, 그가 빼내는 도중에 PC근육을 수축한다.

• 깊게 삽입할 때의 주의점은 통제하는 가운데 한 번 밀어 넣으면서 클리토리스를 자극하는 것이다. 이러한 성교 체위의 문제는 통제력을 잃어버려 결국 남자가 거칠게 밀고 들어와 질과 많은 마찰을 일으키면서 오르가슴에 이르지만, 당신은 그렇게 못하게 할 수 있다.

• 누군가 어디선가 카마수트라를 실행하고 있다 하더라도 결국 성교에는 네 가지 주요 체위가 있을 뿐으로 그로부터 무수한 변형이 가능하다. 네 가지 주요 체위는 여성 상위, 남성 상위, 측위(얼굴을 마주 본다), 후배위로서 각 체위에는 고유한 특징이 있다.

여성 상위는 여성이 가장 안정적으로 오르가슴에 이를 수 있다. 당신이 위에 있으면 클리토리스를 직접 자극할 수 있고 리듬과 강도도 조절할 수 있다. 당신은 또한 찔러 넣기보다 지긋이 누르는 데 집중할 수 있다. 또 질이 꽉 차는 것 같은 느낌을 즐길 수 있다. 덧붙이자면 사실은 남성들도 이 체위를 많이 즐긴다고 말한다. 꼭 당신이 즐긴다는 사실을 알아서가 아니라 당신의 가슴을 만질 수 있고 단순히 긴장을 풀고 쉬면서 당신의 행위를 감상할 수도 있기 때문이다.

여성은 남성이 절정에 이른 다음 자기 위로 쓰러질 때의 느낌에 매우 익숙하다. 그런데 여성 상위 체위는 이런 상황을 멋지게 뒤집는다. 또 당신이 상위에 있을 때는 자기 손으로 클리토리스를 자극하거나 남자에게 손으로 자극하게 할 수도 있다.

게다가 많은 남성이 여성이 위에 있을 때 진동기를 이용한 클리토리스 자극을 좋아하고 또 여성이 진동기를 잡아들고는 직접 자신을 자극하는 것을 보고는 놀란다고 말한다. 보조행위나 수단(예를 들어 손, 입 또는 진동기) 없이 성교할 경우 여성이 오르가슴에 이르는 경우는 거의 없다는 사실을 남성이 깨닫게 해야 한다.

여성 상위의 주요 단점은 많은 여성이 자신의 몸을 부끄러워해 남성에게 보이는 것을 꺼린다는 것이다. 그런 경우에는 불을 끄고 올라가면 된다.

• 남성 상위는 남성이 페니스를 쉽게 꽂아 넣을 수 있고 역동적인 오르가슴에 도달하기 위해 필요한 동력을 확보할 수 있다. 따라서 당신이 먼저 오르가슴에 이른 다음 파트너가 오르가슴에 이르게 할 생각이라면 매우 훌륭한 체위이다.

많은 여성이 먼저 여성 상위를 통해 오르가슴에 이른 다음 남성의 오르가슴이 멀지 않음을 알고 남성 상위로 전환하기를 즐긴다. 이 경우에도 당신의 손을 남성의 엉덩이에 올려놓고 페니스를 잠시 안에 머물게 한 채로 클리토리스를 자극하면서 남성의 엉덩이를 마사지할 수 있다.

여성 상위나 측위와 마찬가지로 정상위 역시 멋진 체위다. 이 체위는 몸과 몸, 얼굴과 얼굴, 눈과 눈을 마주 대할 수 있다. 그래서 함께하고 있다는 현실감은 물론 절정의 진정한 본질이라 할 수 있는 친밀감을 느낄 수 있다.

• 측위 역시 정상위만큼 섹스 하기에 매우 좋은 체위다. 페니스를 밀어 넣기가 어렵기 때문에 이 결합상태는 은근하고 함께 정성을 들이는 섹스를 하게 만든다. 당신의 한 다리를 그의 다리 위에 올려놓은 채 이 체위를 유지하면 더할 나위 없다.

• 후배위는 많은 남성이 매우 좋아하는 체위다. 힘이 넘치고 지배한다는 느낌을 불러오고 삽입이 용이해 역동적인 오르가슴을 향해 나아갈 수 있기 때문이다.

오직 이 자세를 통해서만 사정할 수 있다는 남성이 많은데 남성이 뒤에서 사정할 때 당신은 편안하게 지스팟에 대한 압박감과 자극을 느낄 수 있다.

• 실험해볼 수 있는 섹스 체위는 매우 다양하지만 형식이 내용을 가리거나 쾌락의 추구보다 실행 절차에 더 매몰되어서

는 안 된다. 네 가지 기본 체위(여성 상위, 남성 상위, 측위, 후배위)를 나침반의 방위처럼 생각하고 두루 탐험하면서 쾌락과 친밀감의 특성을 알아가라. 또 자세를 바꿔가도록 최대한 노력하고, 때로는 입이나 손으로 자극하여 당신이든 당신의 남자든 오르가슴에 이르게 하라. 섹스가 끝날 때 반드시 페니스가 질 속에 있어야 한다는 규칙은 없다. 뜨겁게 하되 변화를 줘라.

• 진동기는 당신만을 위한 것이 아니다. 남성 역시 기구를 좋아하는데 특히 자신에 대한 자극에 이용할 때 더욱 그렇다. 입이나 손으로 페니스를 자극할 때도 진동기를 저속으로 놓고 몸체, 음경 소대, 귀두에 대고 함께 자극한다. 아마 진동기와 페니스를 동시에 다루려면 두 손을 써야 할 것이다. 아주 가는 진동기(로켓형 같은)가 아니라면 말이다.

• 진동기를 페니스 몸체에 대고 동시에 음경 소대를 핥는다. 또는 입으로 귀두를 감싸 넣는다.

• 남성이 정상위 또는 측위로 깊이 삽입한 상태라면 진동기를 이용해 그의 엉덩이, 항문 주위, 회음을 자극한다.

당신의 남자가 사정을 피할 수 없는 지점(또는 돌이킬 수 없는 지점)에 도달한 것 같은가? 이와 같은 질문을 던져보라.

"몸이 극도로 긴장한 상태인가?"

"고환이 몸 쪽을 향해 움츠러들고 있는가?"

"사정 단계에 접어들었는가? 전립선에 가까운 근육이 눈으로 보기에도 떨리고 있는가?"

"귀두의 해면체가 정액이 차오르면서 훨씬 더 부풀어오르는가?"

"첫 쿠퍼액(남성의 성적 흥분시 분비되는 맑은 액체) 한 방울을 분비했는가?"

그렇다면 당신의 남자는 한계를 넘어가기 직전의 상태로 이제 제동을 걸지 가속할지를 선택해야 한다. 당신의 의견은 어떤가?

16 가속 페달을 밟아라

일단 남자의 총이 장전되면(이를 테면) 마음껏 발사할 수 있도록 해준다.

• 사정 단계에서 찾아오는 경련이 느껴지면 돌이킬 수 없는 지점을 건넌 것이다. 그때는 페니스 몸체를 부여잡고 가속하면서 페니스 밑동을 마사지한다. 페니스에 압력을 가하면 사정의 쾌감이 강렬해지고, 마찰을 주면 그냥 질에 삽입했을 때보다 오르가슴을 향한 추진력이 더욱 커진다.

• 남성이 돌이킬 수 없는 지점에 다다랐을 때 입과 손을 이용하는 건 어떨까? 목적을 달성하기 위한 수단에는 여러 가지가 있다. 의외성과 변화의 요소를 주면서 입과 손가락 자극의 강도를 높이면 마찰과 압력의 강도가 높아짐에 따라 훨씬 큰

흥분을 가져다준다. 또 이를 통제하기는 성교 때보다 더 쉽다.

• 남성이 삽입 성교를 통한 오르가슴을 싫어하는 건 아니다. 한 가지 문제는 깊숙한 삽입을 통해 압박하면서 클리토리스에 자극을 주는 자세에서는 성적 긴장의 대부분이 페니스 밑동에 가해지는 자극에서 온다는 점이다.

이렇게 얻는 오르가슴은 깊이는 있어도 최고의 절정에는 이르지 못한다. 여성 관점에서 보면, 서두르지 않고 찬찬히 클리토리스를 자극하는 가운데 깊은 삽입이 더해져 오르가슴에 이르는 것이 아니라 급하고 국지적인 클리토리스 자극을 통한 오르가슴에 이르는 식이다.

남성이 절정에 이르는 동안 PC근육을 조일 수 있어야 한다. 그리고 당신이 절정에 이르면 당신의 남자도 질의 수축을 느껴 마찰이 아니라 압력이 더해질 것이다.

• 남성이 위에 있거나 나란히 있다면 상대적으로 약한 마찰과 압박이 없는 것을 보상하도록 손으로 엉덩이를 마사지하거나, 회음을 누르거나, 항문 주위를 쓰다듬는다. 항문은 기분 좋은 오르가슴 수축에 관여하고 신경말단으로 가득 차 있다는 것을 기억하라.

남성의 회음을 자극하면 전립선도 함께 자극을 받는다. 처음에는 이런 자극을 불편하게 느끼는 사람도 있지만 좋아하는 남성이 많다. 많은 남성이 항문 주위(회음과 항문)를 손가락으로 살짝 쓰다듬기만 해도 전율을 일으킬 만큼 강렬한 자극을 받는다.

• 남성이 정상위 또는 후배위 자세를 취하고 있다면 음경 소대와 페니스 몸체에 마찰을 주기 위해 빠르게 삽입해 들어올 것이다.

이때 흔히 생기는 문제는 페니스에 대한 압력이 부족하다는 점이다. 그런 만큼 남성이 결정적으로 밀고 들어오는 순간에 PC근육을 강하게 조여야 한다. 그렇게 하기 어려운 상황이라면 최대한 다리를 모아 페니스 측면을 조인다.

또는 입과 손을 함께 사용해 마찰과 압력을 적절히 조합함으로써 남성이 오르가슴에 도달하게 할 수 있다.

• 앞서 말했듯이, 페니스 몸체를 세게 잡는다. 남성이 더 조이거나 풀기 위해 아니면 단순히 안정감을 갖기 위해 당신의 손을 잡을 수도 있다. 그때는 남성의 의도에 주의를 기울이면 될 뿐 놀라서 행위를 중단할 필요가 없고, 뭔가 서툴어서 그러는 건가 하고 염려하지 않아도 된다.

• 손이나 입으로 음경 소대를 계속 마사지한다. 많은 남성이 오르가슴에 도달하는 순간 음경 소대를 핥는 것보다 더 강렬한 느낌은 없다고 말한다.

• 남성은 처음 사정하는 순간 대부분의 정액을 배출하며

대체로 그때 가장 큰 쾌감을 느낀다. 손으로 사정시키면 손에 정액이 많이 묻을 것이다. 입으로 사정하게 할 때 정액을 삼킬 것인지, 입에 담고 있다가 뱉어낼 것인지, 아니면 다른 곳에 사정하도록 유도할 것인지는 당신이 결정할 문제다.

• 남성이 오르가슴에 도달한 순간에도 접촉을 유지하며 쓰다듬어주는 게 중요하다.

• 남성이 첫 번째 정액을 내뿜으면 페니스 잡은 손을 약간 풀어주고 음경 소대를 쓰다듬는 속도를 늦춘다.

• 지금까지 했던 것과 반대로 해나갈 차례다. 페니스 몸체를 잡은 손을 풀어주는 대신 귀두를 강하게 잡는다. 귀두를 한두 차례 강하게 문지르면 정액이 더 나온다. 페니스 몸체의 절반까지만 내리 만지다가 올라오면서 귀두 위까지 강하게 만지면 좋다. 이것을 한두 번 더 반복하여 강한 전율을 일으킨 다음 몇 초간 멈춘다.

• 이제 음경 소대를 손가락 사이에 넣고 가볍게 어루만지면 나머지 한 방울의 정액이 흘러나오면서 마지막 전율을 일으킬 것이다.

• 적어도 30초간 멈춘다. 페니스는 오르가슴 직후에 극도로 민감해져 있다.

그 사이에 당신의 남자와 얼굴을 마주하고 눈을 마주친다.

그의 얼굴을 만지고, 머리를 쓰다듬고, 키스하고, 안아주면서 교감을 나눈다. 이 30초가량의 시간 동안 남성은 행복한 여운을 느끼면서 당신의 애정 어린 손길을 원할 것이다.

마지막 개척지 항문 삽입

많은 농담의 대상이자 웃음거리인 엉덩이는 뜻밖의 장소에서 등장해왔다. 그 가운데 하나가 침실일 것이다. 엉덩이는 남자의 것이든 여자의 것이든 즐거움과 웃음 아니면 경각심을 일으킨다. 이것에 대해 대화를 나눌 때는 세심해야 하고 이해심을 가져야 하며 유머를 잃지 않아야 한다. 자, 그럼 이제 엉덩이를 들추고 자세히 살펴보자!

엉덩이 전체는 신경말단으로 가득 차 있고, 성기를 제외하고 남성의 몸에서 성감대가 가장 넓게 분포해 있다. 가볍게 쓰다듬기만 해도 페니스의 익숙한 신경말단을 넘어 더 깊고 더욱 전방위적인 오르가슴을 느끼게 하면서 남성의 감각 경험을 더욱 폭넓게 열어준다. 이런 오르가슴은 혼자서는 절대 체험할 수 없고 당신이 페니스를 입에 넣은 채 손가락으로 엉덩이 살을 흔들거나 꽉 쥐고, 툭툭 치거나 찰싹 때림으로써 가능하다. 또 손으로 남성의 엉덩이를 단단히 잡고 동작을 통제하거나 제한(이렇게 하여 지배하는 느낌을 가질 수 있다)함으로써 평범하고 상투적인 정상위에 대해 흥미를 돋울 수도 있다.

남성의 엉덩이 살을 손바닥으로 누르되 압력의 세기에 변화를 준다. 그리고 PC근육을 조였다 풀었다 하는 테크닉으로 남성의 피스톤 운동을 대신하면서 통제력을 유지한다. 이렇게 하면 남성이 긴장을 늦출 수 있다.

타인의 접근을 꺼려 하는 엉덩이와 그 안쪽을 그가 얼마나 깊이 탐구하게 허용할지는 대체로 당신이 편안하게 느끼는 정도와 숙련도에 달려 있다. 따라서 지금 하는 행위를 당신이 좋아하며 잘 알고 있다는 사실, 그러니 당신의 능숙한 솜씨에 몸을 맡겨달라는 뜻을 당신의 남자에게 분명히 전하라. 당신이 흥분, 쾌락, 그리고 모험심 같은 긍정적인 느낌을 보여줄수록 남성은 더욱 새롭고 풍부한 경험에 자신을 내맡길 것이다.

하지만 그곳으로 내려가기에 앞서 위생에 대한 염려는 덜어야 한다. 청결하게 하는 것을 당신의 흥분 과정에 포함하면 좋을 것이다. 란제리만 입은 상태에서 남자를 완전히 발가벗긴 다음 샤워나 목욕을 시킨다. 천천히 비누칠하고 머리끝에서 발끝까지 모든 곳을 씻긴다. 따뜻한 물이 긴장을 푸는 데 도움이 되고(당신이 뒷길을 거닐기 위해서는 필수다), 감각적 쾌락에 집중할 수 있게 해준다.

또는 당신은 남성이 자기 몸을 어루만지거나 멈추는 때를 지시하면서 씻는 것을 지켜볼 수도 있다. 씻는 과정에 관음, 노출, 지배와 같은 자극적 요소를 결합하면 당신과 남성 모두 흥분할 것이다. 씻는 도중에 그의 손을 등 뒤로 묶거나 눈을 가려보라. 이렇게 하면 복종이라는 요소가 도입되면서 네 가지 주요 요소로 이루어진 성적 자극 행위를 잘 마무리할 수 있다.

몸을 닦았으니 이제 볼과 볼기를 맞대고 춤을 출 차례다. 대부분의 남성이 스위트스폿, 즉 회음에 대한 자극을 어느 정도 허용할 것이다. 쿠션같이 부드러운 이 부분은 고환과 항문 사이에 위치하는데 쾌감을 느끼는 신경말단이 그야말로 터질 만큼 많다. 입으로 그를 기쁘게 하면서 손가락 끝으로 회음을 간질이듯 어루만지면 쾌감을 10배 높일 수 있다.

이때 남성이 돌이킬 수 없는 지점에 너무 다가가지 않도록 주의한다. 자칫 흥분 과정을 너무 빨리 지나가버릴 수 있기 때문이다. 손으로 페니스를 어루만지면서 혀를 빠르게 움직여 회음을 자극해도 된다.

한 번 더 강조하건대, 통제권을 확실히 가져야 한다. 또 작은 진동기를 이용해 회음을 자극할 수도 있다(남성이 움찔하며 감사할 것이다). 당신이 얼마나 그를 안달나게 만들고 싶어 하는지 알려줘라. 당신의 통제하고 싶은 욕구와 능력을 남성에게 확실히 보여줘라.

행위 도중 얼마간 저항에 부딪힐 수도 있다. 언제나 남성의 한계(특히 말 안 듣는 소년의 손과 몸을 묶거나 눈을 가린 경우)를 존중해야 한다. 그러나 당신 자신의 욕구, 편안함, 통제력을 따르는 것이 최선임을 잊지 않는다.

남성이 허락한다면 첫 경험이든 재경험이든 혀나 손가락으로 가볍게 항문을 자극한다. 이 부분은 접촉에 지극히 민감해 만질 때 주의해야지 그렇지 않으면 남성이 당신을 밀쳐낼 것이다. 엉덩이의 언덕 부분이나 항문 주위를 핥는다. 또는 손가락의 부드러운 부분으로 부드럽게 마사지한다(뾰족한 손톱은 안 된다). 평범한 손동작이나 혀 놀림이 생애 최고의 경험을 선사할 것이다.

행위의 마지막 개척지는 항문 삽입이다. 이 또한 남성이 허락하는 경우, 그리고 당신 역시 편하게 하고 싶은 마음이 들 때에만 한다. 여성들이 청결 문제 다음으로 파트너의 항문에 삽입하는 것을 주저하는 이유는 항문 자극을 동성애, 나아가 거세라는 관념과 동일시하는 사회적 오명 때문이다.

동성애 혐오증은 제쳐두고라도 페니스와 질 삽입 성교로만 섹스를 단정하는 편협한 관점은 많은 것을 시사해준다. 신체의 어떤 부위도 성적 성향을 규정지을 수는 없다. 사람들이 어떻게 생각할지라도 남성만이 여성의 가슴을 좋아하는 것이 아니며, 항문이 반드시 게이 남성의 전유물이라고 할 수도 없다. 스스로를 돌아보면서 지금 품고 있을지도 모르는 경멸의 관념에 대해 다시 생각해보기 바란다. 남성과 당신의 몸에 대한 편협한 사고를 재고하기 위해 최선의 노력을 다할 것을 당부한다. 그렇게 했을 때 우리 몸은 온전하고도 실행 가능한 최상의 성적 영역에서 끊임없이 한계를 넘어 탐색하고 만족하는 경험을 할 수 있다.

당신과 파트너가 여정을 계속할 준비가 되었다면 앞으로 더 나아가보자. 항문에 삽입할 때는 손가락과 입을 함께 이용하는데, 그렇게 하면 강한 쾌감과 함께 필요한 윤활액도 얻을 수 있다. 남성의 신체 리듬에 주의하면서 한 손가락의 부드러운 부분(다시 말하는데 손톱은 안 된다)을 항문 입구에 갖다댄다. 항문이 이완되면서 열리는 것이 느껴질 때에만(분명 그렇게 될 것이다) 살짝 찔러 넣고 잠시 그대로 있는다. 남자의 회음과 항문 주위를 계속 핥으면서 손가락을 흔들어 움직인다. 더 집어넣지는 않는다. 항문이 더 열리는 것이 느껴지면(보통은 어느 순간 그렇게 될 것이다) 부드럽게 밀어 넣는다. 손가락이 회음 벽에 닿을 때까지 5센티미터 정도 천천히 삽입한다. 축하한다! 드디어 그의 지스팟에 도달했다.

이때 남성이 편안한 상태라면 고환과 회음, 페니스를 빨고 어루만지면서 남성이 숨이 멎을 듯한 오르가슴에 빠져들 때까지 계속 삽입한 채 있는다. 항상 그렇듯이 시간을 끌면서 남성이 안달나게 만들어라.

진심으로 충고하건대, 처음에는 손가락을 넣었다 뺐다 하지 말고 항문 안에 가만히 놓아둬라. 그리고 천천히 앞뒤, 양옆으로 움직여가며 지스팟을 자극한다. 남성이 충분히 준비된 듯하면 손가락을 더 깊게 넣어 들락날락 변화를 주며 어루만진다. 작은 진동기나 버트플러그butt plug(항문 삽입 용 섹스 도구 – 옮긴이)를 이용해도 좋다. 남성의 지스팟은 안쪽에 있음을 기억하자. 람보처럼 달려들어서는 안 되며 남성이 당신에게 해주었던 것처럼 해줘라. 그러면 이곳을 마구 밀고 들어가지는 않았을 것이다.

항문 삽입을 한 편의 멋진 행위예술로 만드는 것을 넘어 당신의 힘에 모든 것을 내맡겨 정서적으로도 의미 있는 행위로 만들기 위해서는 부드럽고 섬세하게 하되 절대 통제권을 잃지 말아야 한다. 남성이 애원하게 만들고, 꽁꽁 묶고, 젖꼭지를 꼬집고, 가슴을 애무해라. 그러면 결코 잊지 못할 황홀한 절정에 도달할 것이고 앞으로 다시 해주기를 원할 것이다. 그것도 새롭고 흥분을 자극하는 변형을 기대하며.

또 한 가지 중요한 점은 남자가 발기 상태를 잃을 수도 있다는 점이다. 개중에는 심리적 원인과 생리적 원인이 복합되어 항문에 삽입했을 때 발기를 유지하지 못하는 남성이 있을지 모르겠다. 이 때문에 주춤거리거나 또는 남성이 이를 의식하게 해서는 안 된다. 계속해야 한다! 그를 애타게 만들어라. 그의 몸 전체를 팽팽한 긴장 상태로 만들어라. 그러다가 남성이 마침내 사정을 터뜨리고 나서 서서히 인사불성의 황홀감에서 돌아오면 당신의 허벅지 사이에 머리를 묻은 채 몇 번이고 감사의 뜻을 밝힐 것이다.

결론 – 섹스가 관계의 폭을 넓혀준다

머리말에서 소개했던 찰리를 기억하는가? 결혼하고 자녀를 키우며 거의 10년 가까이 정말 멋진 성생활을 해온 그 남자 말이다.

어느 날 마침내 찰리와 함께 사무실에 앉았다. 그리고 찰리에게 그 비결을 알려달라고 부탁했다. 어떻게 했기에 아내와 함께 계속 정열을 불태울 수 있었는지를. 찰리가 한 이야기는 겨우 이거였다.

“선생님, 우리 별로 한 거 없어요.”

“한 게 없다니 무슨 말씀입니까?”

“하기야 하지요. 하지만 선생님 질문하곤 별 상관없지요.”

“그럼 상관있는 게 뭔가요?”

“글쎄, 어떻게 말해야 좋을까요? 며칠 전 밤인가요, 팽창하는 우주에 관한 TV프로를 보는 중이었어요. 그게 아인슈타인의 가장 큰 실패였다는 것 아십니까? 아인슈타인은 우주가 정적이라고 생각했어요. 그리고 나중에 자기 인생에서 가장 큰 실수였다고 말했지요. 저는 우리도 관계 속에서 마찬가지 큰 실수를 저지른다고 생각해요. 우리는 모든 게 정적이라고 생각해서 우리 자신이 우주처럼 팽창하도록 놔두질 않는 겁니다. 모르겠어요, 제가 하는 말에 일리가 있는지."

"정말 일리가 있는 말이네요, 찰리. 섹스는 우리를, 우리의 생각과 원하는 바를 매우 내밀한 방식으로 넓혀나가는 것이지요."

찰리는 고개를 끄덕였다.

문득 나는 흔들리는 다리 위의 여자가 떠올랐다. 그 실험을 한 심리학자들은 사랑에 빠진다는 것이 자기 확장의 과정이라는 가설을 세우기에 이르렀다. 밤새 대화하고 애무하면서 마침내 최초의 강력한 폭발 순간을 맞이했고, 그 과정을 통해 서로 좋아하고 싫어하는 것을, 그리고 좌절과 열망을 알게 된다.

이는 단지 당신이 다른 사람과 사랑에 빠졌다는 것만을 의미하지 않는다. 사랑에 빠지면 타인의 눈을 통해 자기 자신과 사랑에 빠질 수 있고, 또한 나는 누구인가, 무엇을 원하는가를 물으며 자신을 재발견할 수 있다. 이 모든 일이 마치 전류가 당신의 뇌를 지나는 것처럼 눈 깜짝할 사이에 일어난다.

그러나 일단 남녀가 서로에 대해 알게 되면 자기 자신이나 서로에게 질문하기를 멈추고 빠르게 확장하면서 느끼는 흥분과 설렘도 감소한다. 결국 만족과 애정의 수준이 급격하게 떨어진다. 하지만 서로 확장해가는 활동을 계속 하다 보면 발견하면서 얻는 경외감을 영원히 경험할 수 있다. 그래서 순간의 육체적인 흥분을 주는 짝보다는 지적이고 정서적인, 나아가 영적인 교감을 나눌 수 있는 매력 있는 짝을 찾는 것이 중요하다. 침실에서든 다른 곳에서든, 어떤 상황에서 파트너가 어떻게 행동하고 말할지 모든 것을 예측할 수 있는 관계가 되면 새로운 도전을 시작하여 관계를 확장할 때가 된 것이다.

이런 내 생각에 비추어볼 때 찰리의 말이 참 옳아 보인다. 섹스는 관계의 폭을 확장할 수 있는 이상적인 장이다. 그렇게 하기 위해서는 소통과 발견에 많은 노력을 기울일 필요가 있다.

우리 대부분은 어렸을 때 그랬던 것처럼 속박에서 벗어나 새로운 눈으로, 또한 서로의 눈을 통해 세상을 체험하고 싶어 한다. 흰색 암호랑이처럼 젊은 마음으로 되돌아가고 싶은 것이다. 그러나 남성은 여성보다 상대적으로 긴장을 놓지 않고 살도록 길들여졌고 성숙한 어른, 상사, 남편, 보호자, 부양자, 그리고 아버지가 되도록 훈육되어왔다. 그런 그에게 섹스는 자유롭지 못한 삶이 주는 압박으로부터 탈출구를 제공한다.

애정과 타인의 진실한 욕망에 대한 신뢰가 충분하다면, 섹스는 자유로움이 주는 충만한 기쁨을 온갖 감각의 향연 속에서 경험할 수 있는 유일한 공간이다. 성적 정화작용이 이루어지고 다른 어떤 인간적 상호작용과도 비교할 수 없는 정서의 결합이 이루어진다.

그렇게 되기 위해서는 찰리와 아내가 나누었던 신뢰와 이해가 필요하다. 언제나 더 탐색해야 할 것들이 남아 있고 환상 역시 풍부해질 수 있다는 사실을 흔쾌히 받아들여야 한다. 그리고 그 관계는 깨지지 않을 만큼 충분히 강해서 유연하게 계속 성장할 수 있어야 한다.

"아, 그게 당신의 비결입니까?"

내가 찰리에게 묻자 찰리는 장난기 어린 표정으로 활짝 웃었다.

"글쎄요. 다른 비결도 있겠지요, 아마? 야한 비결입니다. 그렇다고 변태 같은 건 아니고요. 그저 다른 사람은 모르고 우리끼리만 아는 것들이지요. 우리를 흥분시키기 때문에 말하고 싶고 하고 싶은 것들, 다른 사람에게는 말한 적이 없는 환상들이지요. 제 생각으로는 바로 그게 긴 세월 함께 보냈으면서도 아내 말고는 저를 이토록 뜨겁게 만드는 사람이 없는 이유예요. 사실 저는 뭔가 야한 생각을 하면 우선 아내한테 말합니다. 섹스를 생각하면 아내가 떠오르고 아내를 생각하면 섹스가 떠오르지요. 그리고 모든 방향으로 계속 성장하고 확장하고 급변하고 뒤바뀝니다. 우주와도 같지요. 예를 들어 어젯밤에는…….
아, 아니에요, 비밀입니다."

찰리는 거기서 말을 그치고는 자리에서 일어섰다. 여전히 전날 밤의 기억을 떠올리는 듯했다.

"저, 실망시켜드려서 죄송합니다, 선생님. 특별한 체위나 테크닉에 관해서는 정말 할 말이 없습니다. 제 생각에 제 성생활을 남들이 보면 아주 평범하고 따분할 것 같습니다. ……그렇지만 하나만 말씀드리지요. 플레이보이 맨션에서 1년을 지내게 해준다 해도 저는 아내와의 하룻밤과 맞바꾸지 않을 겁니다."

찰리가 나가며 문을 닫았다.

나는 잠시 우주가 계속 팽창한다는 사실을 깨닫지 못한 아인슈타인의 실수에 관해 생각했다. 내 시선은 허공을 지나 책상 위에 놓인 카필라노 현수교 사진 위에 머물렀다.

그리고 전화기를 들었다.

"여보."

나는 전화에 대고 속삭였다.

"말하고 싶은 게 있는데…… 좀 비밀이거든. ……잠깐 시간 있어?"

"응, 있어."

아내는 속삭였다. 세상에서 가장 섹시한 두 마디였다.

- 소중한 친구인 나오미 핏케언의 품위 있는 도해, 너무 웃기는 오행희시五行戲詩, 그리고 비범한 예술적 안목에 대해 감사의 뜻을 전한다.
- 친구 수 로젠스톡에게 많은 빚을 졌다. 편집자로서 그녀가 지닌 통찰력은 이 책을 만드는 데 큰 도움이 되었다.
- 주디스 리건에게 매우 감사한다.
- 편집이라는 막중한 역할을 수행한 캐시 존스와 지원을 아끼지 않은 콜린스 팀의 모든 이에게 정말로 감사한다.
- 에이전트 리처드 어베이트의 전략적 통찰력과 사려 깊은 판단에 대해 언제나 감사한다.
- 웹디자이너 에밀리 블레어의 깔끔한 미적 감각, 멋진 매너, 놀라운 재능은 나에게 항상 소중한 것이다.
- 친구이자 멘토인 윌리엄 그란지그에게 깊은 감사의 마음을 전하고 싶다. 그의 열정, 지혜, 유머를 통해 나는 끊임없이 지적인 활력을 얻는다.
- 미국 섹스 교육가, 상담가, 치료가 협회AASECT: the American Association of Sex Educators, Counselors, and Therapists 의 모든 이에게 감사드린다. 이들은 매우 중요한 작업을

해왔고 가장 활발한 온라인 커뮤니티를 운영해왔다. 나는 운 좋게도 그 커뮤니티에 참가할 수 있었다.

- 아내와 아들, 가족과 친구들에게 어떻게 고맙다는 말을 해야 할지 모르겠다. 고대 그리스 인들은 우리에게 여섯 유형의 사랑을 가르쳐주었다. 에로스eros(육체적 사랑), 루두스ludus(유희적 사랑), 스토르게storge(우애적 사랑), 프라그마pragma(현실적 사랑), 마니아mania(중독된 사랑), 아가페agape(이타적 사랑)인데 이들을 통해 이 모든 사랑의 의미를 깨달았다.
- 마지막으로 용기를 내서 자신들의 내밀한 생각과 감정을 나와 공유한 다양한 연령과 배경을 지닌 수많은 남성과 여성에게 감사드린다. 당신들의 솔직함과 용기에 감사한다. 힐렐의 말대로 "내가 나 자신을 위하지 않는다면 누가 나를 위할 것인가? 그리고 나 혼자만을 위한다면 나는 누가 될 것인가? 그리고 지금 이 순간이 아니라면 언제?"

내 남자를 위한 사랑의 기술 **그 여자의 섹스**

초판 1쇄 발행 2014년 10월 13일
개정판 1쇄 발행 2025년 2월 17일

지은이 이안 커너
옮긴이 전광철
펴낸이 이범상
펴낸곳 (주)비전비엔피 · S플레이북

주소 121-894 서울특별시 마포구 잔다리로7길 12(서교동)
전화 02) 338-2411 | **팩스** 02) 338-2413
홈페이지 www.visionbp.co.kr
이메일 splaybook@naver.com
원고투고 editor@visionbp.co.kr

등록번호 제2013-000152호

ISBN 979-11-85590-25-7 13590

· 값은 뒤표지에 있습니다.
· 잘못된 책은 구입하신 서점에서 바꿔드립니다.